• 张辰亮

著

青少版②

# 海错图
# 笔记

中信出版集团 | 北京

**图书在版编目（CIP）数据**

海错图笔记：青少版. 2 / 张辰亮著. -- 北京：
中信出版社, 2024.1
　　ISBN 978-7-5217-6258-7

　　Ⅰ.①海… Ⅱ.①张… Ⅲ.①海洋生物—普及读物
Ⅳ.① Q178.53-49

　　中国国家版本馆 CIP 数据核字 (2023) 第 242210 号

**海错图笔记·青少版 2**

著　　者：张辰亮
策划推广：北京地理全景知识产权管理有限责任公司
出版发行：中信出版集团股份有限公司
　　　　　（北京市朝阳区东三环北路 27 号嘉铭中心　邮编　100020）
承 印 者：北京华联印刷有限公司
制　　版：北京美光设计制版有限公司

开　　本：787mm×1092mm　1/16　　印　张：15　　字　数：227 千字
版　　次：2024 年 1 月第 1 版　　印　　次：2024 年 1 月第 1 次印刷
书　　号：ISBN 978-7-5217-6258-7
定　　价：59.80 元

# 目  录

第一章

介部

# 江瑶柱、牛角蛏
<sup>chēng</sup>

【 瑶池玉柱，席上珍馐 】

◎　在海鲜方面，人们的口味曾经历过多次变化，但对于江瑶柱，中国人是从古一直赞到今的。

江瑤柱一名馬頰柱生海岩深水中種類不多殼薄而明剖之片片可拆
大如人掌肉嫩而羨其連殼一肉釘大如象棋瑩白如玉橫切而烹之甚
佳其汁白子窩赤城得覩其形而嘗其味愚按江瑤羨其肉之如玉也馬
頰似其狀之如馬頰也閩廣志內俱載但多惧書馬甲柱

江瑤柱贊

煮玉為粱

調之寶鑑

席上奇珍

江瑤可嘗

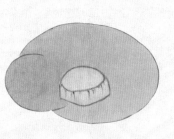

# 一 以贯之的评价

中国人对海鲜的评价经常发生变化，《海错图》里有很多这样的例子。比如当时的人认为油脂多的鱼不好吃，但现代人却认为油多的鱼才香。当时的人觉得马鲛鱼是"鱼品之下"，而现代的保鲜技术提升后，马鲛鱼反而被认为是送礼拿得出手的鱼。口味这种事儿，真的很难说。

不过，有一种海鲜，从古到今一直被夸赞，它就是江瑶柱。

早在宋朝，苏东坡就夸过江瑶柱。世人皆知他老人家是荔枝发烧友，写过"日啖荔枝三百颗"，殊不知在他眼中，江瑶柱和荔枝是同等地位的。他说："予尝谓荔支厚味、高格两绝，果中无比，惟江瑶柱、河豚鱼近之耳。"这且不算，他还把江瑶柱拟人化，写了篇《江瑶柱传》，说它"姓江，名瑶柱，字子美……"，可以说是真爱粉了。

到了清朝，著有《笠翁十种曲》的戏剧家李渔，也留下了这样一段话："海错之至美，人所艳羡而不得食者，为闽之西施舌、江瑶柱二种。西施舌予既食之，独江瑶柱未获一尝，为入闽恨事。"

今天，江瑶柱的美味依然没有受到质疑，在海鲜界很不容易了。那么它到底是个什么东西？这么说吧，江瑶柱并不是一种生物的名字，只是这种生物身上的一块肉。生物本身叫作江珧（音yáo）。

▲ 江珧在今天俗称"带子"

# 马 的"脸蛋肉"

江珧是江珧科贝类的统称。聂璜画下了贝壳整体的样子，但是画风相当草率，很难定种。大概是中国江珧或者栉江珧吧，这两种在中国比较常见。

所谓江瑶柱，是江珧的闭壳肌。江珧有两块闭壳肌，一大一小、一后一前，被人称赞的是大的那块"后闭壳肌"。双壳贝类都有闭壳肌，但江珧的后闭壳肌格外大，按聂璜的话说，"大如象棋，莹白如玉"，质感滑嫩，吃着痛快。

▶ 马的腮部有一大块明显的咬合肌，很像江珧的闭壳肌

也许你已经发现问题了，为什么江"珧"的闭壳肌是江"瑶"柱呢？到底是"珧"还是"瑶"？我认为，"珧"才是正宗，因为它出现得更早。成书于战国至西汉的《尔雅》里就有"珧"字了，晋朝的郭璞注解道："珧，玉珧，即小蚌。"虽然这里的"珧"可能指的是另一种贝类，但毕竟也是一个贝类的名字。而"瑶"指的是美玉。可能是"珧"比较冷僻，在传播过程中逐渐被"瑶"替代了。今天，食品界已经以"瑶柱"为主要写法，而贝类学者依然保持古韵，用"江珧"作为这类生物的正式名字。

◀ 厦门市场上，把江珧壳截短，连外套膜、内脏带闭壳肌一起摆在上面出售。这是不讲究的卖法。古人一般会只留闭壳肌，丢掉其他部位，因为其他部位不好吃。李时珍的评语是"腥韧不堪"，聂璜的评语是"麻口而辣"

有的地方把江瑶柱称作"马甲柱"，可这东西和马甲有什么关系？聂璜提出了一个看法：正确的写法应该是"马颊柱"。马的腮帮子上有一大块"脸蛋肉"，呈扁平的大圆柱状，江瑶柱的形状正和这块肉相似，故名"马颊柱"。

现在的酒楼、排档里，好像不时兴"江珧""马颊柱"的称呼了，改叫"带子"，糟透了，听上去没有任何肉感，提不起食欲。

# 经典之作

聂璜总爱去市场、码头收集《海错图》的素材，周围的渔民都知道有这么一位喜欢海物的书生，有好东西就给他留着。康熙乙卯年（公元1675年）四月四日，福宁州渔民送给聂璜一只"牛角蛏"。聂璜"见之大快"，拿回家仔细观察起来。

他发现，这种贝类"略如马颊柱，而纹各异"，打开壳后，"其肉五色灿然，有两肉钉连其壳，一连于上，近外而小；一连于腹，如柱而大"。这说的是它的前闭壳肌和后闭壳肌。

▶ 《海错图》里的"牛角蛏"图，描绘的是旗江珧。此画既保证了科学性，又富有中国画的美感

▼ 1801年，英国人绘制的多棘裂江珧，显示出了其金黄色的足丝。科学有余，但和聂璜的"牛角蛏"相比，少了一些艺术感

聂璜想把整个肉质部分画下来，可它们都软趴趴地黏在一起，"层次细微，不能辨"。他想了个好办法，把牛角蛏蒸熟，肉就挺立了起来，再把肉剥下，泡在水里观察，避免反光干扰。就这样，聂璜画出了肉质部分的样子，真是动脑子了。

画完后，聂璜似乎不太满意，说："其色黄赭（音zhě）浅深相错，虽善画者难绘。"但我觉得他谦虚了。这幅牛角蛏图，我认为是《海错图》贝类部分里最精彩的一幅，可称是科学和艺术的结合。首先，壳和肉画得非常准确，尤其是壳的尖端突然变细这一特征，使人能鉴定到种——江珧科的旗江珧（别名牛角江珧）。前后闭壳肌、外套膜、内脏团也鲜明可辨，最可贵的是，他竟把这堆肉画出了一种中国画特有的美感。实话讲，通观《海错图》全书，聂璜的画技并不是很高。但他在画旗江珧的时候，技能小小爆发了一下，为我们留下了一幅中国古代博物学手绘的经典之作。

## 底的丰碑

在解剖旗江珧时，聂璜最不理解的，就是它的肉上长了一大撮毛："然所最异者，有毛一股，其细如绒而多，似乎漾出。"他如实把这撮毛画了下来，并猜测它的作用是捕食水中的小虫。紧接着又嘀咕：这毛太多太细了，好像也不像抓虫子用的，更像鸟毛，这种贝会不会是某种鸟变化而成的呢？到最后他也没搞明白，干脆"备存其图与说，以俟后有博识者辨之"。

几百年后，博识者出现了，那就是没皮没脸的我。拥有一些基础的现代动物学知识，解答这个疑惑其实很简单。

实际上，聂璜已经发现了一些线索，但他自己没意识到。他说旗江珧的肉体"大约如淡菜"，淡菜就是贻贝，而旗江珧，乃至所有江珧，都属于贻贝目。这个目的一大特征就是拥有一团"足丝"。这些丝有吸附性，是固定身体用的。有的种类把自己固定在礁石上，比如翡翠贻贝；有的种类把自己固定在泥沙中，比如各种江珧。它们把尖的那头直插进海底，足丝牢牢抓住泥沙，宽的那头露出来，一旦固定，就在此处站一辈子，不再移动了。时间一长，壳上长满了藻类、

▶ 半埋在海底、竖立着的江珧，壳上长满了附生物，就像一座丰碑

龙介虫，让我想起小学课文里那篇《丰碑》。在江珧密集生长的海域，放眼望去，就是一片"碑林"。

为什么《海错图》里那幅"江瑶柱"图里没有足丝？因为那是聂璜在市场上看到的，足丝已经被商贩拔掉了。其实扔了有点儿可惜。用点儿心的话，足丝也能变成好东西。意大利有用江珧足丝编成纺织品的传统技艺。现在除了几位大妈，已经没人会做了。把足丝搓成丝线，再用香料、柠檬处理，就能发出耀眼的金光。

撒丁岛有一位大妈开了个博物馆，专门展示这种技艺。她的保留节目就是让访客伸出手，闭上眼睛。再睁眼时，手上已经摆着一片江珧足丝织成的布，而你根本感觉不到它是何时摆上去的。其质轻柔如此。

## 抱团的幼虫

江珧虽好，但现在市面上的"瑶柱"大多不是它，而是扇贝的闭壳肌。二者的鲜品很好区分，江珧的闭壳肌是肾形的，扇贝的闭壳肌是圆形的。回想一下你见过的瑶柱，是不是基本都是圆形的？

海错神品江瑶柱，为什么如今被扇贝抢去了风头？主要原因是江珧很难人工繁育。其实养江珧很容易，宋朝人就会养了。陆游在《老学庵笔记》里说过："江瑶柱有二种，大者江瑶，小者沙瑶。然沙瑶可种，逾年则成江瑶矣。"

这个养法至今都没有什么变化。采来野生的小苗，像插秧一样插在泥沙中，等它们长大。这样养殖，消耗的是野生资源，导致野生江珧越来越少，在市面上越来越失势。要想解决问题，就得人工繁殖。

但江珧的繁殖有一个大难关。它在插入海底之前，是在水中浮游的。一边浮游，一边分泌黏液。在大海中，这无所谓。可在养殖池里，幼虫们会黏在一起，再附着在打氧泵打出的气泡上，浮到水面，形成一层"幼虫膜"，它们无法游动和摄食，最后大量死亡。每次繁育，都卡在这里。

2015年，上海海洋大学找到了两个解决办法。一是降低池子里的幼虫密度，二是用造浪泵造出水流，把黏在一起的幼虫打散。但是这个尝试还停留在实验室阶段。

日本也一直在研究，方法类似：用淋水装置把浮上来的幼虫砸回水里，再搅拌水体，让幼虫上下浮游，避免粘连。但他们在商业化道路上抢先了一步，2017年，他们让幼虫存活率达到了5%，满足商业养殖的标准了。目前，日本已经在多个海湾开展进一步养殖，一旦成功，江珧就能像扇贝一样用吊笼来养，不必再"插秧"，也不必消耗野生资源了。

不论是哪国的成果，对江珧都是好事。在全人工养殖江珧上市前，我们还是先吃扇贝的瑶柱过过瘾吧。

## 海错图笔记的笔记·江珧

◆ 江珧有两块闭壳肌，一大一小、一后一前。虽然双壳贝类都有闭壳肌，但江珧的后闭壳肌格外大，为人称赞。

◆ 江珧会把尖的一头直插海底，足丝牢牢抓住泥沙，宽的那头则露出来，呈现半埋海底、竖立的状态，一旦固定，就不会再移动了。

# 海月、璅蛣腹蟹

<small>suǒ jié</small>

【 暗室借光，萤窗映雪 】

◎　海中明亮如月的贝壳，被人们镶在窗上。照进屋内的阳光，
便加上了大海的滤镜。

海月赞

昭明有融是稱海月

暗室借光螢窗映雪

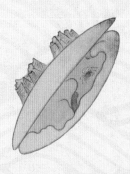

海月亦名海鏡土名蠣盤生海灘間殼
圓而薄色白故以月鏡名其房平坦可
琢以飾窗楞及夾竹作明尾肉區小而
味腴薄脆易敗不耐時刻故海濱人得
食無入市賣者按海月殼上嘗有撮嘴
生其上其肉亦嘗有小蟹匿之考類書
海月土名膏葉盤內有小紅蟹如豆海
月饑則蟹出拾蟣飽歸海月亦飽
有捕得海月死小蟹趨出須臾
亦死由是觀之海月與小蟹蓋更相為
命者也又豈特伐喬松而萬蘿枯芟蔓
草而莵絲萎哉或曰蛤類名艄蚌類名
蠟蛄並能孕蟹與海月同寄生之蟹又
如是其不一

蠟蛄腹蟹贊
西山有鳥與鼠同穴
南海有蟹腹於蠟蛄

# 海中明月

　　海月，是海月蛤科贝类的统称。一个贝壳，何德何能被冠以"海月"之名？看看《海错图》里的这幅画吧。一个圆圆的贝壳轮廓，画了几道同心弧线，涂了淡淡的白色，真和月亮有几分相似。

　　但如果你见过海月蛤的实物，就会发现一个残酷的事实：聂璜的画工不咋样。聂璜的海月，只是勉强似月。而真实的海月，简直和月亮一模一样：每片壳接近正圆，密布一圈圈生长纹，如同月球上的山脉；壳体呈月白色，又薄又平，薄到可以透光，薄到边缘一碰就碎。

　　最妙的是，在阳光下，海月可以闪现出云母矿石般的虹彩。而且一层层的生长纹，也和云母的片状晶体相似。正因如此，它还有个别名"云母蛤"。

　　而精致的生长纹，被聂璜简化成了死板的弧线。半透明的云母质感，也只被一层白颜料代替。能感觉到，他试图展示海月的气质，但他的水平只能到这个程度了。

　　不过有一点，聂璜画出了：在贝壳的一端，有三个放射状的尖脊。这是负责绞合两片壳的"绞合部"。一般的双壳纲动物都会在此

▲　海月的壳真的很像月亮，还可以透光

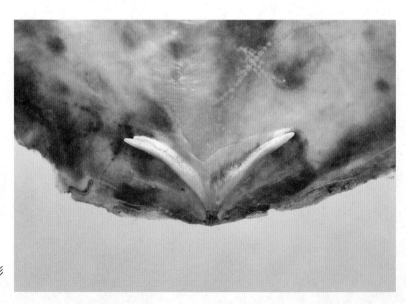

▶　绞合部的两根"V"形脊，是海月蛤科的特征

处有齿状结构，称为"绞合齿"。而海月没有真正的绞合齿，由这放射状的尖脊代替，算是它和其他贝类的一大区别。

本来我要给聂璜找找面子，夸他把这一特点画得挺准的。但一细看，他画了三个脊，可现实中海月只有两个脊。好吧，不夸了。

▲ 云母矿石可以一片片剥下，每一片都薄而透明，像云。古人据此认为，这种石头可以生出云彩，所以叫它云母。《荆南志》记载，观察山上哪里冒出云气，去那就能挖出云母。讲炼丹的《抱朴子》说，如果吃十年云母，那么你身上就会覆盖云气，因为你"服其母以致其子"了

# 藤壶透露的秘密

聂璜还在旁边画了海月的侧视图，在壳上画了几个藤壶。他在配文中写道："海月壳上尝有撮嘴（注：藤壶）生其上。"这个细节其实透露了有趣的信息。

藤壶是一类甲壳动物，喜欢附着在海里的礁石、船底等表面，也附着在活的贝类上。但它有一个原则，不管附在哪，一定要让自己的身体暴露在水里，这样它才能滤食水里的有机物。所以你去观察，凡是深埋在泥沙里生活的贝类（文蛤、蛏子等），都没有藤壶附生。

既然海月的壳上有藤壶，就说明它必然不是埋在沙里生活的。海月栖息在潮间带和浅海的海底。它的左壳较凸，右壳较平。平时就右壳向下躺在海底沙面上，自然就给藤壶以附生的机会了。

▼ 藤壶只会附生在暴露在海水中的贝壳上

▲ 豆蟹藏在活贝里的示意图

# 璅蛣腹蟹

聂璜还在海月里画了一只小螃蟹，并写道："内有小红蟹如豆，海月饥，则蟹出拾食，蟹饱归腹，海月亦饱。"这让我想起我上本科时，宿舍里有两位舍友。甲去食堂时，乙必然说："帮我带份扬州炒饭。"本科四年，乙几乎没去过食堂，全凭甲带回的扬州炒饭加"老干妈"生存下来。

但据聂璜的记载，小红蟹并不只是海月的"带饭奴隶"，它也需要海月的保护："有捕得海月者，海月死，小蟹趋出，须臾亦死。由是观之，海月与小蟹盖更相为命者也。"

双壳贝类中有蟹寄居，古人其实多有记载。早在晋代，文学家郭璞就在《江赋》里有"璅蛣腹蟹"之说。璅蛣是"长寸余，大者长二三寸"的双壳贝类，具体指向有双线紫蛤、海月等多种说法。其实我认为它是小型海贝的泛指。古人发现，在活体海贝中，常有小蟹藏身。现代人吃贻贝、花蛤时，也能吃出豆子大小的蟹来。

你可能会想到寄居蟹？不对。寄居蟹住在空螺壳里，不是活的双壳贝里。看一下聂璜笔下的这个小红蟹，其实答案很简单，是今天科

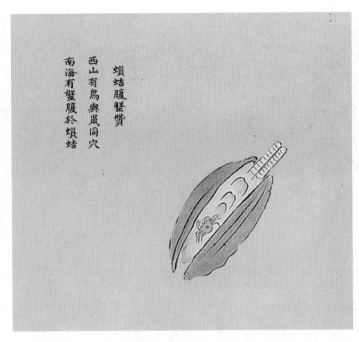

�腹蟹赞

西山有鸟与鼠同穴

南海有蟹腹于蠛蛄

◄ 《海错图》第四册中的"蠛蛄腹蟹"图。一枚绿色的贝中藏着一只豆蟹。当时有"蠛蛄就是海月"的说法，但是聂璜特意在配文第一句写明："蠛蛄非海月也。"他认为蠛蛄是广东海滨白沙子里的一种"形如蚌，青黑色，长不过二三寸，性最洁，不染泥淖"的贝类。具体是何贝，很难考证

学上称为"豆蟹科"的螃蟹。

成年的豆蟹只有黄豆大小，它们小时候就钻进贝类的外套膜里藏着。和古人想象的不同，豆蟹和贝类并不是互利关系，仅仅是豆蟹在占便宜。它不会外出给贝类找吃的，而是坐等贝类吸进食物，截获一些自己吃。虽然对贝没什么大影响，但毕竟食物被分走了一部分，所以住着豆蟹的贝类，会比较瘦弱。养贝人都不喜欢豆蟹。

雌性豆蟹步足退化成麻秆腿，身子肥硕，透过壳都能看到满满的生殖腺（蟹黄），已经变成了一个产卵机器，几乎不出贝壳。雄蟹体形就矫健多了，可以爬进爬出，并不像聂璜所说的爬出来就会死。

科学家曾经纳闷：一个贝里只有一只豆蟹，那雌、雄蟹是怎么相遇交配的？奥克兰大学的研究者前两年拍到了视频。原来到了繁殖的时候，雄蟹就会爬出贝壳，循着雌蟹散发的化学物质，找到藏有雌蟹的贝。然后，雄蟹就花几个小时的时间给贝"挠痒痒"，直到贝张开口让它进去。学者猜测，挠痒痒是为了让贝类习惯这种刺激，以免在蟹钻进去时突然闭壳，把蟹夹死。这个研究只针对大洋洲贻贝里的豆蟹，其他豆蟹是否也这样，还不清楚。

巧的是，我为了拍摄豆蟹，也选择了大洋洲的贻贝。从贝中找到一只豆蟹是需要运气的。我买过好几次、好几种蛤蜊，都没找到。后

来一位广州的朋友给我推荐了一家专卖大洋洲进口贻贝的网店，说："我每次买他家贻贝，都能吃出豆蟹。"

我忐忑地买了一包，收到货后震惊了，每只贻贝比我手都长！没见过这么大的。一袋有十几枚贝，我一个一个地把它们煮开口观察，没有，没有……绝望地打开最后一枚贻贝时，一只雄性豆蟹出现了！被煮熟的它，姿势固定在了一螯举起、一螯落下的"太鼓达人"状。我兴奋异常，但又感觉挺对不起它。还是拍下"遗照"，让你的音容笑貌"永垂不朽"吧。

▼ 我从贻贝里剖出的豆蟹

# 蟹壳窗

《海错图》说海月的肉"匾小而味腴",小而好吃。但是"薄脆易败",所以当时海边人得到海月之后就会马上吃掉,没人运到市场上去卖。

可是,海月却以另一种方式大行于世。聂璜写道,海月的壳"可琢以饰窗楞,及夹竹作明瓦"。

对古人来说,用什么东西糊窗户一直是个问题。虽然有窗户纸,但对南方人来说,梅雨天、台风天和虫蛀都能轻易毁掉它。

于是,出现了一种"明瓦"。就是把海月的壳磨成适当的形状,一片片嵌进窗棂里。最简单的是做成井字格的窗棂,每个小方块里嵌一块海月。如果是纹路复杂的花格窗,就要用竹片编成方格,嵌进海月,而且上一片要压住下一片,这样雨水就不会渗进来。这种窗户叫"蠡(音lí)壳窗""蛎壳窗""蚌壳窗",常常是江南殷实人家的标配。

在绍兴,明瓦还被用在船上。高级的乌篷船被称为"明瓦船"。周作人在《乌篷船》中有云:"在两扇定篷之间放着一扇遮阳,也是

▼ 浙江乌镇的一扇蠡壳窗

▲ 海月分很多种，贝壳收藏家何径老师送了我两种，小的是四方海月，略呈方形；大的是鞍海月，弯曲成马鞍形，和我爱人的脸差不多大

半圆的，木作格子，嵌着一片片的小鱼鳞，径约一寸，颇有点透明，略似玻璃而坚韧耐用，这就称为明瓦。"这"小鱼鳞"，其实就是海月的壳。所谓明瓦船，就是在船上设置蠡壳窗，为舱内采光。

根据蠡壳窗的多少，乌篷船还分为"二明瓦""三明瓦""四明瓦"等。鲁迅就清楚地记得他儿时去看迎神赛会时，家里预订了一条"三道明瓦窗的大船"，而且能把"船椅、饭菜、茶炊、点心盒子"都搬进去。在当时的鲁迅看来，这已经算是"加长版凯迪拉克"了吧。

凡是经历过蠡壳窗时代的人，都对它的印象很好。这源于它独特的滤镜效果。不论外面阳光多么毒辣，经过蠡壳窗后，都是昏昏柔柔的黄光，把室内的一切，变成了褪色的相片。

这种美好，是海月过滤出来的。

## 海错图笔记的笔记 · 海月

◆ 海月的每片壳接近正圆，密布一圈圈生长纹，如同月球上的山脉；壳体呈月白色，又薄又平，薄到可以透光，薄到边缘一碰就碎。在阳光下，海月可以闪现出云母矿石般的虹彩。

◆ 双壳纲的动物在两片壳的绞合部通常有齿状结构——绞合齿，但海月没有真正的绞合齿，而由放射状的"V"形尖脊代替。

◆ 古人所用的"明瓦"，就是把海月的壳磨成适当的形状，一片片嵌进窗棂里。

# 海荔枝

## 【 此种荔枝，何以生毛 】

◎ 海里有长毛的荔枝？是谁丢弃的红毛丹吗？当然不是。提它的另一个名字你就知道了——海胆。

贡使无劳
杨妃见笑
何以生毛
此种荔枝
海荔枝赞

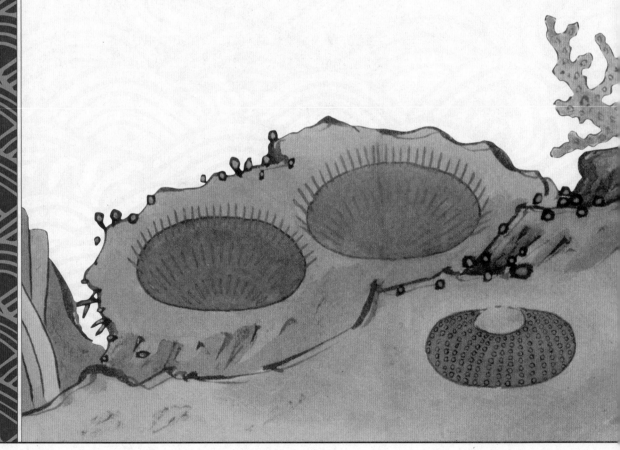

# 荔枝就是"马粪"

这幅"海荔枝"图，画的不是被人丢在海里的荔枝，而是一种动物。画中总共有三只，其中一只是死后的空壳："其形如橘，紫黑色，壳上小瘰（音lěi）如粟。"另外两只是活的："活时满壳皆绿刺，如松针而短。"

活着是个刺球，死了刺就脱落，剩下荔枝状的壳，这当然是海胆了。海荔枝这个名字现在已经没人用了。海胆是一个很有趣的特例：一般对于海鲜，内陆人只知其死后的样子，不知其活着的样子，而海胆，内陆人都知道它活着时的样子，真把一个没刺的海胆壳塞给他们，好多人反而不认识了。

《海错图》里画的具体是哪种海胆呢？考虑到"满壳皆绿刺，如松针而短"的特点，最有可能是马粪海胆。这不是我起的侮辱性外号，它的正式中文名就叫马粪海胆。得到这个名字要赖它自己：身材、大小和马粪一样，棘刺绿了吧唧的，很短，杂乱地长着，像极了马粪里没消化的草梗。自己长成这个样子，怨不得别人。

▲ 这枚勋章海胆是我珍爱的收藏，非常迷你，间步带区是紫色的，就像古代西方的勋章

▼ 刺掉光的海胆空壳，露出了各种颜色和纹路，是非常好的自然收藏，去海边时可以寻找一下

▲ 马粪海胆的个头、形状、颜色都很像马粪，是最常见的海胆之一

▲ 逆光看海胆壳，透光的"花瓣"部分是步带区，"花瓣"之间的部分是间步带区

# 隐藏的花朵

别看海胆是个球，它也分正反面。贴地的那面，叫"口面"，因为嘴长在这一面。冲天的那面，叫"反口面"。海胆分两类，如果肛门长在反口面中央，也就是说，嘴啃地、肛门冲天的，叫"正形海胆"；如果肛门长在壳的边缘或者口面，就叫"歪形海胆"。

我们脑海中的那种正统的海胆都是正形海胆，聂璜画的马粪海胆也属于正形海胆。正形嘛，当然身体就很正了，是很规整的扁球形，身体呈五角星状的辐射对称。

什么？海胆的身体呈五角星状的辐射对称？看不出来啊？看这个需要一点儿技巧。找一个刺已掉光的海胆壳，让它的肛门或者嘴正对你，逆着光看，海胆壳上就会突然显现出一朵五瓣的"花"！

这五瓣叫"步带区"，是由镂空的小孔组成的，可以透光。海胆活着的时候，孔里就会伸出柔软的管足，能够行走、攀爬、抓握食物。步带区之间的不透光区域叫"间步带区"，都是瘤突，硬刺就长在这些瘤突上。这种辐射对称，和它的亲戚海星是一样的。

至于"歪形海胆"，自然就是歪的了。它们的嘴不在身体的正中央，外壳也不是很圆，往往是个扁片儿，刺又短又密。在它们死后，

▶ 歪形海胆里有很多身体扁平的成员，它们的空壳就像硬币，西方人把它们统称为"沙钱"（sand dollar）。在台湾野柳，我发现这里的岩石上四处都镶嵌着沙钱的化石

▲ 广西合浦海中的扁平蛛网海胆，沐浴着初升的阳光。那天我们起得太早了，我是在半梦半醒中拍下这张照片的

刺脱落干净，外壳就像一块白色的饼干躺在沙滩上，背上有一朵明显的五瓣"花"——还是步带区。

歪形海胆不如正形海胆常见，普通人对它不熟悉。我小时候看到科普书里的"沙钱"（一类歪形海胆）空壳照片时，都不敢相信这真的是海胆，而且怎么也想象不出它长了刺是啥样的。2014年，我去广西合浦考察海草床，走在浅浅的海水里，感觉脚下有扁平的物体。站住不动，等水澄清了一看，原来沙子上到处都是一种歪形海胆！随行的专家告诉我，这是"扁平蛛网海胆"，壳面上有蛛网一样的纹路，但活着时被刺盖住，看不出来。

我捡起一只捧在手上，终于可以细细观察歪形海胆长刺时的样子了：与其说是刺，不如说是毛。每根刺也就1毫米长，在身体上铺成一层，茸茸的，一点儿都不扎手，可爱极了。

观察之后，我把它放回水里。它不动声色地用那些刺走路，贴在沙面上爬远了，像一个扫地机器人。

# 自信的刺和不自信的刺

说回我们熟悉的正形海胆。它们的刺普遍较长，让人不敢上手摸。有的海胆刺上有毒，确实不能摸；有的没毒，可以放心地托在手上，只要不用力捏就没事。

没毒的海胆好像比较㞞（音sóng），至少我见过的是这样。在中国台湾和泰国的潮间带，我遇到过几只"梅氏长海胆"。它有很黑的壳，很粗的白刺（有时发红），好认。每一个梅氏长海胆都躲在珊瑚礁上的一个洞里，这个洞往往跟它们的身体大小刚刚吻合，像量身打造的一样。实际上，这个洞就是海胆自己挖的。它们从小就开始挖，一边分泌出酸，把珊瑚礁的碳酸钙腐蚀酥软，一边用自己的刺来挖。等它长大了，洞也挖成了。

梅氏长海胆几乎一生都宅在自己的洞里，吃着海水推进来的食物，满意地摆动着尖端已经磨秃了的刺，就像一位浑身带着管制刀具的男人，没有选择横行乡里，而是用这些刀挖了个地窖钻进去，看电视，吃薯片……

◀ 梅氏长海胆的体内好似有光射出，其实是它体色造成的错觉。它一生都躲在自己挖的洞里

另一种没毒的海胆，是"白棘三裂海胆"。它的刺红、黑、白相间，特别好看，俗称"花胆"。它倒是敢到处爬，不像梅氏长海胆那样龟缩。可它的厾法是另一种。它会把海藻、沙子、碎珊瑚背在身上。我爱人怀孕时，我定期带她去一家医院检查。医院大厅里摆着一个海水珊瑚缸，里面就有一只白棘三裂海胆。等待叫号的时候，我都会观察它。每次它身上都背着东西，而且每次的东西都有更新。

海胆背垃圾的原因，至今没有定论。科学家提出了几种假说，有防卫捕食者说、防止脱水说、遮挡风浪泥沙说、抵抗阳光辐射说等。你看看，不是保水就是护肤，要么就是遮阳，您可是个海胆哎，不要这么"精致"好不好？

有毒的海胆就狂多了。在泰国丽贝岛浮潜时，我遇到过一种"刺冠海胆"。它的刺极长，是身体的两三倍，向四面八方伸开，好像生怕扎不到人。而且数量极多，密度大的地方能铺满海底，个个不藏不躲，大模大样地在海底散步。当时是退潮，海水很浅，我浮在海面，从它们"上空"掠过，俯视着它们，肚子离那些漆黑的刺只有很短的

▼ 在泰国丽贝岛，我小心地靠近这些刺冠海胆，拍下了它们狂妄的样子

▶ 这只海胆不但背负了各种垃圾，还背上了一只同类的空壳

距离。海胆们感受到我带来的波动，纷纷把刺调整方向，一齐对准我。当时，我想起了聂璜描述"海荔枝"的话："其刺皆垂，见人则竖。"

这么狂的海胆，当然有毒啦。刺冠海胆的毒性不小，一旦中招，有如火烧。而且刺上有倒钩，扎入皮肤后就断在里面，想挑出来是万难的，而且越挑越肿。只要没有严重的过敏反应，最好不要去抠，当地人的办法是用鞋底拍打伤口，把刺拍碎，然后不去管它，几天后，刺周围的皮肤会变硬，然后刺会神秘消失，可能是分解掉了。短则一周，长则一月，硬化的皮肤就会恢复弹性。

## 海带的对头

很少有人见过海胆吃东西，因为它的嘴在身体下方，挡着看不见。但如果打开它的壳，一个精巧的咀嚼器官就展现出来了。它由几十块小骨组成，很有机械感，像一个精致的提灯。亚里士多德曾经在《动物志》里描述过它的结构，所以这个部位今天被称作"亚里士多德提灯"，分类学上简称"亚氏提灯"或"提灯"。提灯连着5个齿，平时齿露在外面，可以咀嚼食物，要是吃来劲了，提灯也会伸出来。

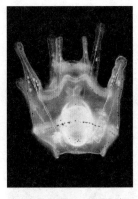

▲ 海胆的幼体是两侧对称的，一点儿都不像海胆

海胆的食性各有不同。像马粪海胆，就爱吃海带。以前养海带的人很头疼海胆，见到必除之。没想到，后来海胆成了更受追捧的海鲜，大家又开始专门养海胆。刚孵出来的幼体一点儿都不像海胆，在水中浮游。把它在水槽里养到小刺球的样子之后，就放到浅海散养。养殖户在浅海挖几条大沟，让沟壁上长满海带，供海胆啃食。风水轮流转，海带就这样从被保护的宝宝变成了饲料。

▼ 正形海胆的结构示意图

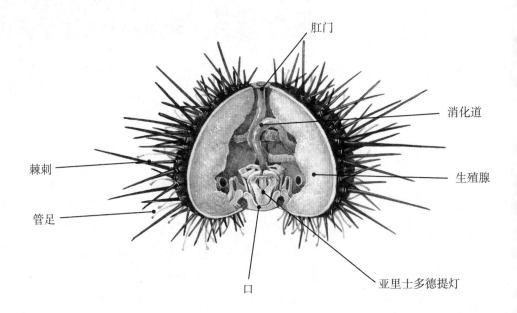

肛门

消化道

生殖腺

棘刺

管足

亚里士多德提灯

口

# 脂肪和氨基酸的陷阱

聂璜说海胆"内有一肉可食"，其实不止一肉。所谓肉，其实是生殖腺，叫"黄"更合适。歪形海胆有2～4个生殖腺，但太小，没人吃。能吃的都是正形海胆，每个都有5个生殖腺，不论公母。所以说，买海胆不用像买螃蟹那样挑，直接买就好了，个个都有黄。至于公母的黄有何不同，据说是公黄色浅，母黄色深，公黄更硬挺，母黄易瘫

软。但在我看来这些都是玄学，我是分不出的。

中国人吃海胆，流行"海胆蒸蛋"，把蛋液倒进海胆壳，蒸成蛋羹。我吃过一次，并不认可，海胆微弱的味道全被鸡蛋盖住了。海胆黄还是要生吃，而且不能加任何调料，感受那种脂肪和呈味氨基酸混合出的满足。

几年前的一次聚会上，有位卖海鲜的大连朋友用干冰包来几盒海胆黄。它们来自马粪海胆，整齐地在盒子中躺好，金灿灿的。饭局结束后，还剩两盒，大家怂恿我把它消灭掉。已经撑到不行的我，硬着头皮拿过来吃，竟然快乐地吃光了。在饱足之后还觉得好吃的东西，才是真的好吃。就算名字再糟糕，都无法影响对它的食欲。

## 海错图笔记的笔记 · 海胆

◆ 　海胆分正反面：贴地的那面叫"口面"，因为嘴长在这一面；冲天的那面叫"反口面"，即肛门所在的一面。

◆ 　正形海胆的身体呈五角星状的辐射对称。逆光看海胆的壳，能透光的部分是步带区，由镂空的小孔组成；步带区之间不透光的区域是间步带区，长满瘤突，海胆的硬刺就长在这些瘤突上。

▲ 　一只膏黄满溢的海胆。注意，两半壳中央的那个白色器官就是"亚里士多德提灯"

# 牡蛎、石蛎、竹蛎、蛎蛤、蠔鱼、篆背蟹

## 【 蛎之大者，其名为牡 】

◎ 牡蛎就是蚝，就是蠔，就是蚵，就是蛎黄。名字越多，说明人们越喜欢它。

蠣生於石層累而上常高至二三丈粤中呼
為蠔山蠣蛤者附蠣而生之蛤也形如蚌而小
黑色其肉與味並同淡菜且亦有毛一小宗與
他蛤迴異其尾紫粘蠣上為奇又不似淡菜以
毛繫者也

石蠣賛

水沫凝石無中生有
惟蠣最多堅而且久

# 牡蛎的牡

牡蛎为什么叫牡蛎？直接叫蛎不行吗？当然可以。古人管牡蛎壳叫蛎房，壳烧成的灰叫蛎灰，可代替石灰。既然可直接用蛎指代牡蛎，那"牡"字似乎并无必要。李时珍在《本草纲目》里给出了一个解释："纯雄无雌，故得牡名。"牡有雄性之意，李时珍认为牡蛎只有雄性，没有雌性，故得此名。然而李时珍对各种生物的释名很不严谨，充斥着望名生义和想当然，不可尽信。像这个牡蛎的解释，就一定是错的。

蛎黄产浙闽广海岈附岩石而生磈硊相连外殻为房内有肉暑如虾胎而柔白过之其房能开合潮至则开以受潮沫潮退则合海人取以冬月妙咀味之馀于尝以西施乳品之然吾乡钱塘难近海而不产宁台温则有而小闽广尤饶蛎黄大者名草鞋蛎其肉老而味薄殻入药用稱牡蛎云泉南杂志曰牡蛎麁石而生肉各有房剖房取肉故曰蛎房泉无石灰烧蛎房为之坚白细腻经久不脱

草鞋蛎小者如掌有长又一尺二三尺者海人用代斧斤剥琢始得饮馔中其味最佳尤以小者为背代杓鱨畚任春海镜作盆而蛎房烧灰昕用为最广其馀朝飧夕饔鱼虾螺蚌諸物满席皆是北人覆其地觸目稱怪如入鲛鱼之肆

牡蛎賛

蛎之大者其名为牡
左顾为雄末知是否

▶ 《海错图》里的"牡蛎"，画得比书中其他蛎都要大好多，以示"牡者大也"

牡蛎并非纯雄无雌，而是雌雄都有，有一部分个体还能自由转换性别。而且不管哪个性别，古人都看不出来。聂璜说牡蛎"左顾为雄，未知是否"，即壳向左歪的是雄性。其实这法子不管用，在福建东山岛养殖牡蛎的林真女士跟我说："看壳是看不出来的，我们都是把壳撬开，把肉切开，如果切面干净利落就是公的，如果流出大量白浆就是母的。"这是养殖户的方法，未必准确。厦门大学海洋生物学硕士曾文萃教了我一个最准确的办法：刮破牡蛎肉表面，取一些里面的白浆，像抹黄油一样抹在平面上，肉眼能看到明显小颗粒（卵子）的就是雌性，像一团雾（精子）的就是雄性。而这些细节，中国古人是意识不到的。

实际上，其他古人并不认为牡蛎的牡是雄性之意，也不认为牡蛎只有雄性。唐代《酉阳杂俎》就特意说："牡蛎，言牡，非为雄也。"清代《广东新语》说："（蛎）大者亦曰牡蛎，蛎无牡牝，以其大，故名曰牡也。"聂璜也采信这个说法，在《海错图》里写道："蛎之大者，其名为牡。"也就是说，牡在这里意为"大"，牡蛎的本意指大个儿的蛎。这个说法还算靠谱。

# 竹上养蛎

聂璜对牡蛎的评价很高："饮馔中，其味最佳，尤以小者为妙。"他久居福建，说的是福建人的喜好。至今福建人也钟爱小个儿的牡蛎。我去厦门的琼头码头，满街都是剥蛎的妇女，每个蛎肉仅拇指大小。剩壳被倒在码头，堆积成十多米高的白色巨坡，如同某种防御工事。剥出的肉一般用来做海蛎煎，聂璜当年应该也没少吃。

食用需求这么大，就需要养。中国人从宋代就开始养牡蛎了。所谓养，并不是全人工繁殖，而是制造适合野生牡蛎附着的地方。一般是在浅海里插竹子。宋代梅尧臣的《食蚝》诗有一句"亦复有细民，并海施竹牢。采掇种其间，冲激恣风涛"，这是最早记录中国人养牡蛎的文字。明代的《蛎蒲考》中，福建福宁人民再次独立发明了竹子养蛎法。他们本来是把牡蛎壳撒在浅海泥沙上，吸引水中的野生幼蛎附在壳上生长。有鱼来吃蛎，人们就用石块围住养蛎区来挡鱼。然而石块几经风浪就会坍塌，人们就改用竹枝围护，竹枝在水中摇动，鱼受惊就不敢进入了。后来，一名姓郑的乡民发现竹枝上也长了牡蛎，灵机一动，不撒蛎壳，不围石头，直接在泥中插一堆竹竿，结果牡蛎比以前长得更多，引得周边百姓竞相效仿。竹蛎的产量高到什么程度？福建连江一个叫陈龙淮的人告诉聂璜，收获时，外壳锋利的牡蛎会长满竹子，根本没有下手的地方。渔民要以铁钩钩住牡蛎，往起拔，把竹子拔起一段，露出入土的部分，才能握住竹子。随即用刀击落牡蛎，放进蛎笼。用木头揉去蛎壳锋利的边缘，方可手剖取肉。

▼ 《海错图》里的"竹蛎"，展示牡蛎在竹子上从小到大的过程

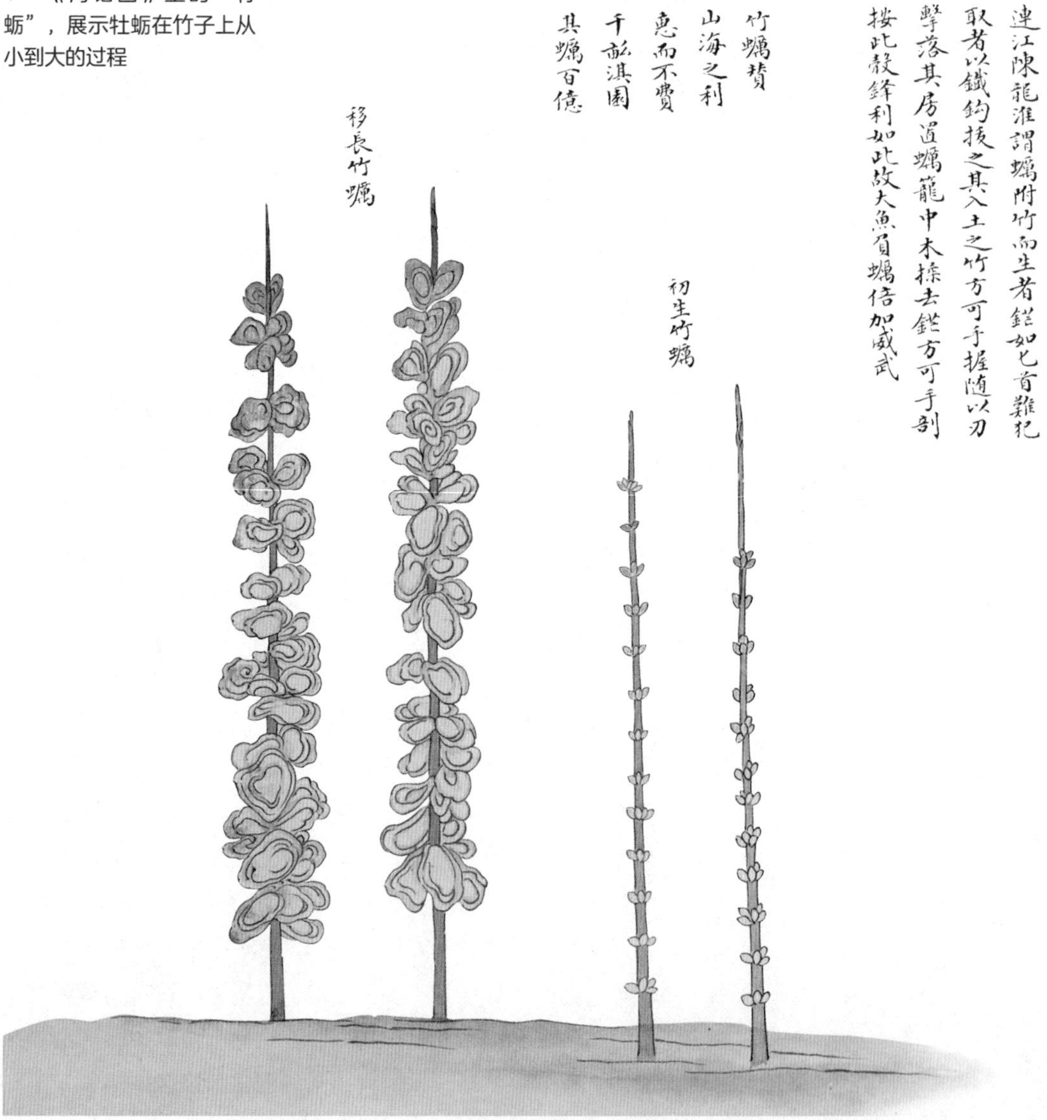

竹蛎赞
山海之利
意而不费
千亩滇围
其蛎百亿

按此殼鋒利如此故大魚首蛎倍加威武
擊落其房道蛎籠中木揉去鋩方可手剖
取者以鐵鈎接之其入土之竹方可手握随以刀
連江陳龍淮謂蛎附竹而生者鋩如匕首難把

初生竹蛎

移長竹蛎

▲ 厦门琼头码头堆积成山的牡蛎壳

　　古人养蛎，还有往水底投瓦片、投石头的。与聂璜同时代的屈大均记载，东莞新安人"以生于水者为天蚝，生于火者为人蚝"。天蚝，就是野生的牡蛎，人蚝，是人工养殖的牡蛎。什么叫人蚝生于火？就是渔人把石头烧红投在海中，石头上就会长出牡蛎。想让牡蛎长在石头上，直接扔石头就行了，为何要先烧红再扔？屈大均认为，牡蛎性寒，长在烧过的石头上就会得到"火气"，使其更加甘美。这明显是胡猜。许他胡猜，就许我胡猜。我猜烧石头有三个作用：一是这些石头可能也是海边捡的，表面有些海洋生物附着，需要先烧死它们，不然投入水中后，这些"闲杂"生物繁殖起来占领石头，牡蛎就难以附着了；二是热石入水，容易碎成几块，增加牡蛎的附着面积；三是石头表面会因冷热刺激产生很多小裂隙或小崩解而变得粗糙，易于牡蛎附着。

# 蠔山之谜

很多中国古籍都记录过一种奇观：蠔山。《海错图》也不例外："蛎生于石，层累而上，常高至二三丈，粤中呼为蠔山。"就是说，牡蛎附着在礁石上，新牡蛎又附着在老牡蛎上，经年累月，能长成6~9米高的小山。

真有蠔山吗？我在海边只见过附着薄薄一层牡蛎的礁石，从未见过堆积成山的。如果真有好几米高，那说明涨潮时的水位也要淹到好几米高，否则"山顶"的牡蛎是不可能成活的。海边真的可以有这么大的潮差吗？

查了下，还真的可以。杭州湾的潮差可以达到8米多。那其他地方呢？我请教了厦门的海洋文化学者朱家麟先生。他说："厦门潮差一般是四五米，高的有7米。从这一点来说，蠔山理论上是可以存在的。"我问他，有没有可能是地壳抬升使得附着牡蛎的礁石隆起，变成了蠔山？因为我在台湾垦丁见过类似的现象，那里的古代珊瑚礁因地壳变化被抬升到陆地，爬山时，身边的崖壁都是整块的珊瑚礁。朱先生说："有这个可能！厦门的南普陀放生池，宋代时还和海相连，现在高于海面2米。漳州诏安有一座风水塔，以前离海面很近，现在高于海面30米。闽江口有个梅花古城，那的老人和我讲，以前海水可以直接淹到城门外的台阶，一出城门就是码头。现在城门比海面高十几

▶ 台湾垦丁海边的小山上，随处可见被地壳抬升成为山石的古代珊瑚礁

蠔魚產下南海中專食蠣肉兩邊
有刺各七在水張之出水則刺斂
于身旁凡蠣潮來開口此魚以氣
吹之則不能合以刺撥出其肉啖
之其形長僅四寸背綠無鱗蠔字
註口蚌屬蓋即蠣也粵人呼蠣為
蠔字蠔有蠣字義即是魚

蠔魚贊

鮥魚無刀蠔魚橫刺
十數議何二七十四

▲ 《海错图》中的"蠔鱼"。此鱼专食牡蛎肉。背部两边各有七根刺，在水中张
开，出水则刺敛于身旁。趁牡蛎张壳时，此鱼以气吹之，牡蛎就无法关壳，鱼趁机
用背刺拨出蛎肉食之。长仅四寸，背绿无鳞。今日东南沿海有些地方会用蠔鱼指代
鹦嘴鱼和某些虾虎鱼（如犬牙缰虾虎鱼，因其常在牡蛎密集区活动），但它们均无
《海错图》中描述的形态和习性。现实中也没有一种鱼有这样怪异的背鳍和离谱的
捕食过程。所以应该是海民臆想出的鱼

米，海水已经远在城门外500米。在福建，这样的例子可以说不胜枚
举。有些是因为地壳抬升，有些是因为泥沙淤积。我一直怀疑，'沉
东京，浮福建'的传说，就源于此。"

所谓"沉东京，浮福建"，是福建和南洋华侨间流传的一个语焉
不详的传说。大意是，福建海中有个岛，南宋末年，宋末帝躲避元军
逃到此处，在岛上建了一座大城（一说行宫），沿袭故都东京（注：
今开封）的名字，也称其为东京。后来大地塌陷，宫城沉入大海，而
福建却随之抬升。

"沉东京"是否有其事，目前还未有确切证据，但是"浮福建"
可能确实基于一些事实。除了前面朱先生说的例子，还有泉州花巷、
打锡巷、桂坛巷以南都曾是海边滩涂，到南宋时已是城内街巷。华侨
陈嘉庚儿时曾在厦门王公宫前戏海水，老时再来，此处已变陆地。这
都会给福建人以"陆地上浮"的印象。不管这现象是泥沙淤积还是地
壳抬升造成的，附着牡蛎的礁石会不会因此变成"蠔山"呢？

长满牡蛎的礁石，科学界称之为"牡蛎礁"。如今中国还有几片
成规模的牡蛎礁：天津大神堂、江苏蛎岈山、山东莱州湾、福建深沪
湾和金门。其中福建深沪湾的牡蛎礁给了我答案。福建师范大学地理

◀ 福建晋江深沪港牡蛎礁。国内的牡蛎礁基本都是这个高度，顶多半人高，没有《海错图》中所说6～9米那样高

▶ 福建晋江深沪港牡蛎礁旁，有一些远看似"蚝山"的物体，其实是树桩。这里有三片"海底古森林"，退潮时露出水面。有油杉、皂荚树、桑树、枫香、南亚松等。古人观察到这一带"海底尚有木头、竹丛"，将其视为南宋末年"沉东京"传说的证据。其实这片森林是7000年前因大地震沉入海中的，当时还没有宋朝

研究所的俞鸣同和日本学者藤井昭二、坂本亨研究了这里牡蛎礁的剖面，还原了它们的历史。25 000年前，玉木冰期进入了一个相对温暖的阶段，海平面因此上升，海水侵入陆地。大量长牡蛎和近江牡蛎借机在深沪湾河口潮间带的底部岩石上生长，涨潮时没入海水，退潮时露出水面。后来海水继续上涨，将礁石完全没入浅海，河口的泥沙埋住了牡蛎礁。晚更新世末期，深沪湾地壳发生了大幅度的相对抬升，这里重新成为潮间带，被泥沙冲埋的牡蛎礁上又旺盛地长起了牡蛎。但地壳继续抬升，礁石的顶部渐渐长时间暴露在空气中，顶部的牡蛎已经无法存活，牡蛎礁也就停止了长高。

　　长达25 000年的累积生长，加上地壳抬升，深沪湾的牡蛎礁成"蚝山"了吗？没有。礁石的贝壳堆积层仅有50厘米厚，加上基岩，高度还不及腰，而且都是平顶，并无山形。江苏的蛎岈山，从名字来

看是最接近蠔山的地方，但也是低矮的、人可俯视的礁石景观。所以我认为，古籍中高达近10米的蠔山，应是古人对牡蛎礁景观的夸张描述。现实中，我没有找到其存在的证据。

就连低矮的牡蛎礁，现在也快不存在了。近100年来，全球85%的牡蛎礁已经退化或消失，是全球退化最严重的海洋栖息地之一。中国也一样。按理说，中国从北到南的浅海，应该连续分布着大量牡蛎礁，但过度采挖、水体污染、海岸开发，使中国的牡蛎礁大量消失。比如天津大神堂牡蛎礁，人们在这里用拖网破坏性地捕捞扇贝、海螺、牡蛎，2000年时尚有35平方千米的牡蛎礁，到2013年，保存良好的礁体只剩0.6平方千米！

▲ ▶ 《海错图》中的"蛎蛤"，画的是附着在牡蛎壳上的黑色小贝，"其肉与味并同淡菜，且亦有毛一小宗，与他蛤迥异。其尾紧粘蛎上"。这是一些小型的贻贝科贝类，如变化短齿蛤、条纹隔贻贝等，通过足丝附着在牡蛎壳或岩石上

蛎肉赞
闽粤蛎肉
秦楚罕观
寰西施舌
类杨妃乳

蛎肉

蛎蛤

肉蛎

遭受如此破坏，有两个原因。一是牡蛎礁一般在水深不到5米的岸边，太容易受人类活动影响了。二是牡蛎礁这个概念缺乏宣传。很多人都知道红树林、珊瑚礁的重要，却不认为牡蛎礁值得保护。那不就是长了牡蛎的石头嘛！其实牡蛎能把水中大量的悬浮物吸进体内，一片牡蛎礁能极大地净化周边水质。牡蛎壳之间的缝隙也给其他小生命提供了栖息地。江南著名的水产松江鲈（四鳃鲈），平时在河里，产卵时就要洄游到蛎岈山，在空的牡蛎壳里产卵。如果失去牡蛎礁，这些鱼类根本无法繁衍后代。

对牡蛎礁的忽视，使得我们仍然不清楚国内还有多少牡蛎礁受到威胁。万幸，天津大神堂和江苏蛎岈山都成了国家级海洋公园，人们正在效仿古人，用投放大量牡蛎壳的方式，试图给新的牡蛎提供附着点，为小生物提供更多藏身处。希望中国的大海中能重新耸立起一片片的小蠔山。不用到仰视那么高，俯视就行，有就行。

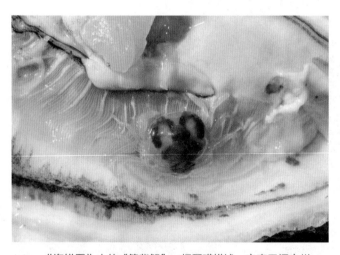

▲▶ 《海错图》中的"篆背蟹"。据聂璜描述，它产于福宁州海涂，背淡黑色而白纹如篆书，聂璜在牡蛎肉中偶尔见到。我猜测，可能是隐居在牡蛎外套膜处、分食牡蛎吸进来的有机物的豆蟹科种类，它们身体半透明，可显示出内脏的纹路。我吃牡蛎时就遇到了一只豆蟹

篆背蟹产福宁州海涂背淡黑色而白纹如篆书
篆背蟹赞
不在食品不入志书予於蠣肉内偶見而識之
黑背白纹有篆如篇
小現圖書追踪龍馬

▲ 保护工作者向国外的牡蛎礁海域泼撒牡蛎壳，给幼蛎提供附着点，试图恢复牡蛎礁规模

## 海错图笔记的笔记·牡蛎

◆　区分牡蛎性别的方法：刮破牡蛎肉表面，取其内部的白浆，像抹黄油一样抹在平面上，肉眼能看到明显小颗粒（卵子）的就是雌性，像一团雾（精子）的就是雄性。

◆　长满牡蛎的礁石，科学界称之为"牡蛎礁"。中国现存的成规模的牡蛎礁有：天津大神堂、江苏蛎岈山、山东莱州湾、福建深沪湾和金门。

◆　宋代的中国人就能制造适合野生牡蛎附着的地方来"养"牡蛎了。比如在浅海插竹子、往水底投瓦片或石头等。

# 空须龙虾、龙头虾、大红虾

## 【 有虾称龙，头角峥嵘 】

◎　龙虾在今天是高档海鲜，但在古代少有记载，也不入画，所以聂璜在《海错图》里画的几只龙虾就很珍贵了。

两现海东
有名无实
亦冒称龙
有虾鬣空
空鬣龙虾赞

張漢逸曰福建惟泉州多龍蝦吾福寧州無有也順治乙酉閩中尚未賓服明唐藩奉弘光年號監國省城二月間忽有海上大蝦隨風雨而至漁人捕得而鬻於市州人並稱為龍其狀頭如海蝦身匾濶如琴蝦狀兩粗鬚長於其身前挺如角中空而外有叠折如撮紗紋蚶爪亦小弱重可斤餘時予童年塾師即此命對曰龍蝦隨雨至予未能對先父買此蝦懸於高甑蒸之而剔其肉味亦腴活時蝦殼黑綠熟即大赤可玩亦效泉人爲懸燈紅輝爛然自此見後康熙甲寅漁人亦舉網得之其狀無異兩見之後絕無聞也因為予圖并屬予品論予曰龍鬚名無碍所當之處山岳為崩鐵石為糜而頭角崢嶸爪牙更利所向無敵今此蝦蚶脚纖細牙爪無威但鼓彼雙鬚強代二角欲充無碍而直豎乎前匪但龍不成龍而蝦亦不成蝦升蟠兩難進退維谷矣且聞尾大者不掉踵反者難行是蝦鬚若戟而過於其身跋前疐後動輙得咎其能興雲致雨掣電驅風澤及萬方橫行四海得乎乃一見於乙酉再見於甲寅適當變亂之候無怪乎唐藩之不克振耿逆之身死名滅為天下僇笑物象委靡早已兆端矣張漢逸曰然

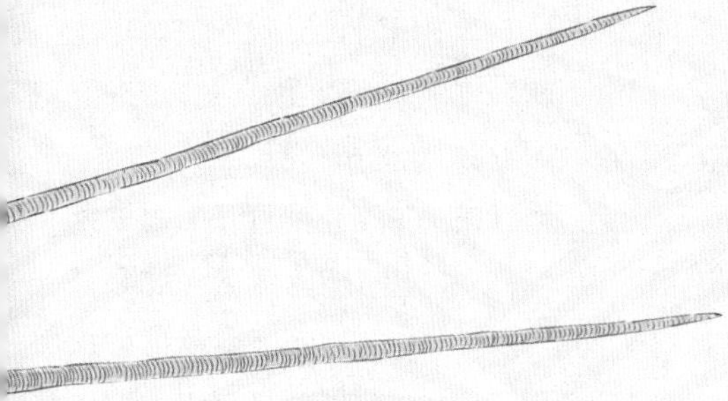

# 龙虾预示明朝灭亡？

人们总是认为，罕见的动物突然出现，是天下大变的预兆，比如"麒麟现，圣王出""太华之山有蛇焉，名曰肥遗，六足，四翼，见则天下大旱"。但"龙虾出现预示着明朝灭亡"，你听说过吗？肯定没有。因为这是一段仅记载于《海错图》的故事。

聂璜的朋友张汉逸，久居福建，常和聂璜谈论海物。一次谈到龙虾时，张汉逸谈起他在明清易代时亲身经历的往事。

当时的福建，只有泉州产龙虾，张汉逸所在的福宁州不产。顺治二年（1645年），闽中地区还未被清朝征服，南明的唐王朱聿键在这里建立了小朝廷，年号隆武。二月，忽有海上大龙虾随风雨而至，渔人捕得售卖于市，当地人极少见到这种虾，因此引发了轰动。张汉逸的私塾老师还据此出了个上联"龙虾随雨至"，让大家来对，但张汉逸想了半天也没对出下联。张父买了此虾，蒸熟剔出肉给大家吃，"味亦腴"。吃完后，张家还效仿泉州人的习俗，把虾壳拼好，内置灯火，悬挂起来，就成了精美的龙虾灯，"红辉烂然"。

29年后，康熙十三年（1674年），福宁州渔人又网到了这种龙虾，和当年一模一样。之后，福宁州就再也没出现过龙虾。张汉逸觉得此事不简单，背后可能有些道理，希望聂璜给分析分析。

亲自见过、吃过龙虾的张汉逸，为聂璜画下了它的样子。聂璜是没见过龙虾的，只能研究这幅图："其状头如海虾，身匾阔如琴虾（虾蛄）状，两粗须长于其身，前挺如角，中空，而外有叠折如撮纱纹，蚶（钳）爪亦小弱，重可斤余。"一般的虾都是须子细，钳爪大，可龙虾正好相反，爪子小，须子却极粗。粗归粗，却是空心的。聂璜想了想，感慨道："我听说龙的须子名叫'无碍'，碰到山岳，山岳崩塌；碰到铁石，铁石成泥。除了须子，龙还头角峥嵘，爪牙更利，这才能够所向无敌。而此虾钳脚纤细，牙爪无威，唯独把双须鼓成空心的，直竖冲前，硬充龙须，搞得自己龙不成龙、虾不成虾，进退维谷了。而且这虾须直挺挺的比身子还长，走路都碍事，还怎么像龙一样兴云致雨、泽及万方？"

龙虾出现的两个时间点也非常微妙，第一次出现于1645年，那年清军都占领南京了，南明弘光朝还忙着党争，仅存在8个月即覆灭。接替的隆武朝在福建号称抗清，却无建树，次年覆灭。第二次出现在1674年，耿精忠在福建响应吴三桂叛乱，举旗反清，但没打败清军，反而杀害了受民爱戴的汉官范承谟，手下兵士还劫掠百姓，导致民怨沸腾。两年后，耿精忠就成了"三藩之乱"第一个投降清军的藩王，后被康熙凌迟处死。

腐败的南明小朝廷和拎不清自己分量的耿精忠，没能耐却端着架子喊打喊杀，最后落得个"龙不成龙、虾不成虾"的下场，这不和外强中干的龙虾一样吗？聂璜认为，龙虾正好在这两个时间点出现，也难怪隆武帝不能振兴南明、耿精忠身死名灭了。看来，龙虾的出现，就是明朝彻底灭亡的预兆啊！聂璜对张汉逸感叹："物象委靡，早已兆端矣！"张汉逸只回了一个字："然。"

对这两位历史的亲历者而言，很多事不必多说。

# 龙头虾和大红虾

张汉逸所绘的，是哪种龙虾呢？从他记录的"活时虾壳黑绿，熟即大赤"等描述来看，应该是中国龙虾或者波纹龙虾。这两种龙虾是福建海域最常见的种类，身体也大部分是黑绿色。第二触角极粗壮且空心，也是龙虾科的特点。

聂璜没见过龙虾，只能从书籍和熟人处继续打听消息。一些人把龙虾称为"龙头虾"，使得聂璜误以为"龙头虾"是和"空须龙虾"不同的东西，于是在《海错图》中又画了一幅"龙头虾"。聂璜先是

▼《海错图》中的"龙头虾"

龍頭蝦贊
蝦翻春浪
頭角崢嶸
梁瀬狀元
龍頭老成

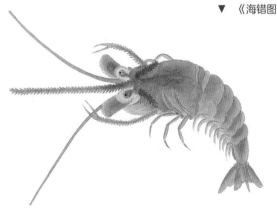

▲ 中国龙虾曾是福建海域的优势种，有青色型和红色型。图为青色型，"空须龙虾"和"龙头虾"很可能是它

▼ 《海错图》中的"大红虾"

大红虾赞
赪尾鱼劳红骨在虾
若非浴日定是餐霞

看《泉南杂志》云："虾有长一二尺者，名龙头虾，肉寔（音shí）有味。人家掏空其壳，如舡（音chuán）灯，悬挂佛前。"这和张汉逸的"空须龙虾"是一个玩法，但没有描述虾的外形。正好聂璜遇到一位叫孙飞鹏的，他来自龙虾的产地——泉州，为聂璜描述了龙头虾："其首巨而有刺，额前有一骨如狼牙，上下如锯而甚长。两蚶（钳）亦多细刺，双须亦坚壮。其余身足皆与常虾同。……在水黑绿色，烹之则壳丹如珊瑚，可爱。"这段话提到的其他特征都明显是龙虾，但"额前有一骨如狼牙，上下如锯而甚长"就怪了。龙虾并没有其他虾那样的"额剑"，更不可能有像画中那样和须子一样长的。不过，另一位姓陈的泉州人给聂璜提供了一个较合理的解释："虾额前长刺，在水分为两条，即入网，活时亦能弹开其刺，以击刺人。毙则合而为

一，其实两条长刺也。"看来，所谓额前长刺，其实是龙虾的第一对触角，出水死后黏成一股，看上去像一根大刺。龙虾被捞出水后，也确实会用触角刺人，同时发出吱吱的叫声。

《海错图》中还有一种"大红虾"。聂璜明显没见过，用的都是其他古籍的记载。如《本草》："大红虾产临海会稽，大者长尺，须可为簪。"聂璜想象着画了一只对虾状的大虾。但再大的对虾，须子干燥后也是触之即断的细丝，只有龙虾的粗壮触角才能做簪子，所以这"大红虾"还是龙虾，只不过是熟了的龙虾，或者红色型的中国龙虾。

# 龙虾罕见的原因

如今的福建，市场上到处都是龙虾。为什么聂璜在福建住了那么多年，却一只龙虾都没见过？不仅他没见过，福宁州百姓也没见过，不然也不至于把龙虾的出现当作凶兆了。这种罕见，使得龙虾在古籍中往往被以讹传讹，变得夸张。明代的《五杂俎》载："龙虾大者重二十余斤，须三尺余，可为杖。"一根虾须能当拐棍，已经很夸张了吧？别急。唐代的《岭南异物志》云："南海有虾，须四五十尺。"

◀ 龙虾喜欢藏在海底水平的礁石洞里，常常一穴多只

一根须子有十二轮大卡车那么长。最登峰造极的是《南海杂志》："商舶见波中双樯遥漾，高可十余丈，意其为舟。长年曰：非舟，此海虾乘霁曝双须也。"太离谱了！大龙虾把30多米的须子伸出海面晒太阳，一根须就顶一头蓝鲸那么长，能把奥特曼戳死。当然，换个角度想，也是极浪漫的传说。以后要是有中国自己的海怪题材电影，如此壮丽的巨虾一定要安排进去。

龙虾罕见的原因，在于它特殊的栖息环境。龙虾喜欢暖水，还专在海底复杂的礁石洞穴中躲着，这二者就限制了它的分布。即使古代渔民到了这种海区，普通的撒网、垂钓也难以抓到它。加上龙虾在中国古代的地位远远没有今天高，也就没什么人特意去抓了。不过从近代开始，龙虾逐渐成了高价海鲜，抓它的方法也多了起来。1975年，厦门水产学院调查了当地渔民抓龙虾的方法，都挺有趣。

1. 龙虾罾（音zēng）。在一条长绳上隔一段拴一根线，线上垂挂两根细竹，十字撑开一个网兜。里面放上小鱼作饵，沉到岩礁区，隔段时间收绳子，网兜里就会有龙虾。水产学院的师生学习了这种方法，两个半小时抓到了16只龙虾。

2. 沿仔绫。在岩礁区边缘围上半圈刺网，网的下缘沉到海底，上缘被浮漂拽着，相当于给岩礁区围了半圈"工地围挡"。网丝很细，龙虾在礁石上爬行时，脚爪会缠到网上。

3. 延绳钓。在一条长绳上隔一段拴一根线，线上垂挂鱼钩和饵，让龙虾直接咬钩。过段时间收线。

▼ ▶ "龙虾罾"和"沿仔绫"是两种传统的捕龙虾方法

▲ 虾笼诱捕是现代捕捉龙虾的常用方法

▲ "龙虾蟹篓"是广东潮州木雕常见的题材。既有海乡风情，又能体现雕工精美

4. 徒手抓。夏天退大潮时，水位变得特别浅。渔民在礁石周围用脚探索，一感受到龙虾触角碰到自己的脚，立刻潜水把龙虾从石缝里拽出。水性好的还能潜到更深的珊瑚礁，看到哪块珊瑚下伸出两根龙虾须，就一把薅出来。

今天，龙虾的捕捞也多是靠潜水员徒手捉或用虾笼诱捕等方法。这样做几乎不会伤害其他海物，算是友好的捕捞方式。我看过世界自然基金会写的一本《海鲜消费指南》，里面把大量海鲜都列为"谨慎食用"或"减少食用"，理由有种群濒危、网具破坏海底、捕捞方式不可持续、容易累积毒素等，看完之后我都觉得没啥能吃的了，就算这样，这个指南还是把龙虾（尤其是澳洲龙虾）列为推荐食用。除了捕捞方式对环境友好，还因为龙虾属于食物链底层，不易富集毒素，两三岁就性成熟，产卵多，资源恢复速度快。

听上去真不错。问题是，你推荐我食用了，我的存款不推荐啊！

## 海错图笔记的笔记·龙虾

◆ 中国龙虾曾是福建海域的优势种，有青色型和红色型。

◆ 龙虾喜欢暖水环境，还喜欢藏在海底水平的礁石洞里，常常一穴多只。

◆ 以前渔民抓龙虾的方法有：龙虾罾、沿仔绫、延绳钓、徒手抓。用虾笼诱捕是现代捕捉龙虾的常用方法。

# 鬼面蟹

## 【 蟹具鬼脸，好戏上演 】

◎ 一只身背鬼脸的小蟹，数百年来竟引得好几拨不同的人对其品头论足，至今尘埃未定，堪称奇观。

亦可

為無所托也舜殛鯀而鯀化黃熊黃熊蚩尤而蚩尤為蟹也

歷歷並傳神異者乎則鬼面之為鬼面肖像如此其真不可

以推要當如此而況傳記百家言實有蚌中羅漢螺內仙姝

間靈識偶爾依憑物類於焉照象異代遷流漫沿廣斤即雷

形胚胎為能若斯然則鬼面之蟹要必有正大剛氣欝塞兩

後伏氣土人掘得不顧忌諱常烹而食之苟非神雷鐘氣結

當發生於土考雷郡英靈岡有物名雷多生地中如虯狀秋

間神自為神與物初無與也乃雷州之地古號產雷之鄉雷

名亦遂有雷神之形雷神之形其首如虯而有翼但鼓動兩

之夫雷天地陰陽搏激之氣也而江赫仲謝仙爰有雷神之

螺內仙姝意有所屬形隨物寓可類觀也更以雷州之雷推

造哉若夫鬼面特幻奇容学感審無奧義未必非蚌中羅漢

光虎符太白鯉合六六龍合九九始為物理之精微上通元

應地支直以龍馬之負圖神龜之出書此義又豈獨象感接

鬼面蟹贊
蟹具面廳
莫糵闊王
絶類蚩尤
浪北孟良

鬼面蟹產浙閩海塗小而不大有而不多其形確肖鬼面合

睚而監耆豐頤而除準口若趙領頜如除髮前四足長而大

後四足短而細他蟹之臍全隱腹下故八晚盡伏此蟹之臍

小半環背故四足掀露其行也挺背壁立而腹不著地獨與

他蟹異疑為螺中化生故無卵而盛於夏秋間也或稱闊王

蟹或稱孟良蟹或稱蚩尤蟹皆以面貌相像之此蟹呂元所

不及詳陶穀所未嘗食古人窨議及此豈以蟹形鬼面絕無

妙義存於其間故置勿道乎然甲胄之夢紀自宋書彭越之

名推於漢代又何鬼面一蟹之無關至理乎苟不研窮其故

則觀茲異蟹終不能無疑為著鬼面蟹辨

嘻異哉蟹曷為乎有鬼面即曰無異也自三才分而物數號

萬肖象者多矣一果核也而太極含形一鳥卵也而天地混

象陽實也而乾道成男陰虛也而坤道成女本乎天者親上

而鳥羽如木葉本乎地者親下而獸毛如野草宇內人物無

不就太極陰陽五行分類以肖而蟹體尤全身其太極也螯

其兩義之八足表八卦乃外之八目象七十二星乂

# 鬼、关羽、孟良和蚩尤

蟹的背壳疙里疙瘩，有些种类的疙瘩整体看上去颇像一张脸。《海错图》中的鬼面蟹，可谓登峰造极的例子。

聂璜描述鬼面蟹背壳上的花纹："鬼面蟹产浙闽海涂……其形确肖鬼面，合睫而竖眉，丰颐而隆准，口若超额，额如际发。"结合他的画一看，确实活脱儿一张怒发冲冠、豹头环眼的鬼脸。聂璜记录了当时人们对此蟹的各种别名："或称关王蟹，或称孟良蟹，或称蚩尤蟹，皆以面貌相像之。"关王就是关羽，孟良和蚩尤也是凶猛粗犷的角色，都和这蟹背上的脸相符。与这张脸同样怪异的，是此蟹的足爪："前四足长而大，后四足短而细。他蟹之脐全隐腹下，故八跪尽伏。此蟹之脐小半环背，故四足掀露。"意思是它的后四足出奇地微

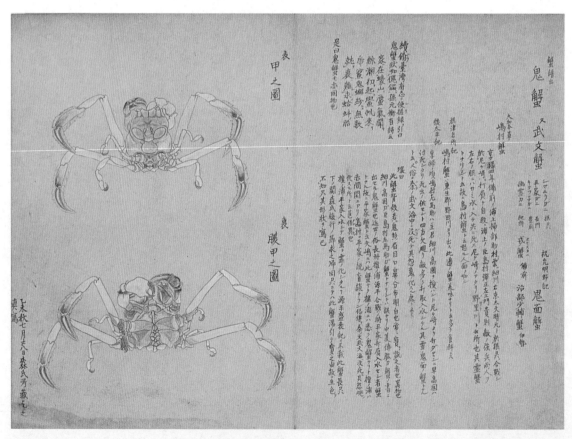

▲ 日本江户时代的《梅园介谱》中绘制了鬼面蟹的正反面，还记录了它的众多别名：鬼蟹、武文蟹、嶋（音dǎo）村蟹、平家蟹、幽灵蟹

小，而且蟹脐有小半部分露在背上，使得那四条小足长在后背，难以着地。

如此奇蟹，必然史不绝书吧？可聂璜惊讶地发现"古人罕议及此"。他在鬼面蟹的画像旁愤愤不平地絮叨：难道大家觉得蟹上长出鬼脸毫无意义，所以都不讨论吗？可是谁敢说鬼面的螃蟹无关至理呢？如果不研究清楚原因，人们看到此蟹必定会疑惑，所以我要为它写一篇《鬼面蟹辨》！

# 如何不科学地格物

聂璜这种探究精神非常可敬，可惜，他没有科学的探究方法。今天的科学家如果面对这个问题，会解剖鬼面蟹，看看鬼面纹在结构上有何用途；再观察活的鬼面蟹，看看鬼面纹在蟹的生活中起到了什么作用：那四条极小的腿是干什么的？鬼面纹是否与这些腿的用途有关？鬼面蟹在遇到天敌时，是否会特意展示鬼面来吓唬天敌？天敌又是否会被吓到而放弃捕食？另外，还要看看跟鬼面蟹亲缘关系近的螃蟹背上的纹路是什么样的，是怎样的演化路径。做完这一系列研究，才能推测鬼面蟹长出鬼面的原因。而聂璜决心对鬼面蟹的成因"研穷其故"，他是怎么做的呢？坐在屋里干想。

在《鬼面蟹辨》中，他首先发问：鬼面蟹为何生有鬼面？然后自问自答："这没什么奇怪的。天下万物，都是根据太极、阴阳、五行的分类来模拟不同的形象。天上飞的动物就会长得像高处的物体，所以鸟的羽毛像树叶；地上跑的动物像低处的物体，所以野兽的毛发像野草。这种现象在螃蟹身上体现得尤为明显。螃蟹的身体像太极图，双钳代表两仪，八条腿代表八卦，背部有十二颗星斑，呼应十二地支。长着鬼面的蟹，肯定蕴含着更神妙的奥义！更何况传记百家的书中，有蚌中发现罗汉像、螺中出现仙女的记载，或许鬼面蟹也类似，是某种意象寄托在物体上的显现。"

看到这儿，我哑然失笑。很多人都喜欢像聂璜这样故弄玄虚，说某物的外形隐藏着宇宙密码。方法也很简单，只要这东西是圆的就暗示太极图，沾数字"二"就代表两仪，沾"三"就是三才，沾

▲ 发情期的雄性变色树蜥，被两广地区的人称为"红头雷公马"

"四"就是四季，沾"五"就是五行，沾"十二"就是十二个月，沾"二十四"就是二十四节气……其实只要稍微一追问，他们就没词儿了：大闸蟹盖是圆的就是太极图，那溪蟹盖是梯形的代表什么？螃蟹八条腿就是八卦，那昆虫六条腿，岂不是少两卦，不合天道了？传统相声《阴阳五行》（注：旧名《五红图》）就讽刺了这种思路。逗哏扮演一个大学问，声称世上每一个物体都能找出阴阳金木水火土。如苹果红的一面为阳，青的一面为阴；摘苹果要用剪子剪下来，剪子是金属，所以苹果有金；苹果长在树上，所以苹果有木；一咬出水，所以苹果有水……但在捧哏的追问下，逐渐无法自圆其说，越说越牵强。比如吃苹果可以败火，所以苹果有火；山楂可以做成糖葫芦，做的时候需要用锅熬糖，锅字是金字边，所以山楂有金……这段相声我特别喜欢，它的矛头直指对传统文化的庸俗化滥用，不但讽刺了某些古人，还讽刺了今人——很多所谓的"国学大师"和景区导游至今还在这样侃侃而谈。

当然，在聂璜那会儿，世界上还没有相声，他不会被讽刺。他继续写道："我再用雷州（注：今广东雷州半岛）的雷来推演证明吧。雷州自古多雷电，号称'产雷之乡'。雷是天地阴阳交汇激发产生的气，但雷州的雷是有具体样貌的。它生在土里，如同猪形。当地人会在秋后把它挖出来，煮熟吃掉。如果不是雷凝结灵气，结成胚胎，怎么能发生这种事儿呢？所以，一定是天地间的正大刚强之灵气，偶然依托在蟹体内，显现出鬼脸的物象，一代代繁衍扩散开来。"

轰隆隆的炸雷，怎么会凝聚成小猪的形状藏在土里，还被雷州人挖出来吃掉？太离谱了吧！这不是聂璜亲眼所见，而是他从别的书里看来的。《唐国史补》载："雷州春夏多雷，无日无之。雷公秋冬则伏地中，人取而食之，其状类彘（音zhì，意为猪）。"原来，广东雷州半岛三面环绕着高温高湿的南海，水汽充沛，地形复杂，极易产生雷暴。据当地气象台记录，夏天平均每月有15天雷暴，最多时几乎天天打雷。所以雷州建了很多雷公庙，发展出独特的雷神祭典，还产生很多雷的传说，雷州人挖猪形雷公吃，就是其中之一。

不过，这个传说太过离谱，古人多有纠正。聂璜经常参考的《广东新语》里就说："雷公马，产雷州，可吃。故北人谓雷州人吃雷公云。""雷公马"这个名字，至今两广、海南还在用，指的是华南常见

◀ 蜡皮蜥是华南海滩标志性的爬行动物，但因长时间被捕捉食用，种群数量锐减

的一种蜥蜴——变色树蜥。它颈部有鬣（音liè）刺如马鬃，咬人后不撒嘴，传说要打雷才撒嘴，故名雷公马，当地人会吃它。《广东新语》的作者认为，雷州人爱吃雷公马，传到北方就成了雷州人吃雷公了。

雷州还有一种在海滩上穴居的蜥蜴——蜡皮蜥，俗称坡马、沙蝉、沙鳅，但古人也常称其为雷公马，也会吃它。清代陈昌齐的《海康县志》载："沙蝉，一名沙鳅，状似蜥蜴，腹白，背青绿，两胁正赤，穴居（注：这都是蜡皮蜥的特征）。其出视雷之所发，其蛰视雷之所收，故又名雷公马，肉可吃。《广舆记》载'雷州有雷公子，其形如彘。土人取其吃'即此。但云'如彘'，则传闻之误。"陈昌齐认为，蜡皮蜥在雨季雷暴到来之时出洞活动，雨季结束后入洞蛰伏，故名雷公马。雷州人吃它，引发了"吃雷公子"的传闻。但说它形似猪，则是误传。

所以，雷州人吃雷，是彻头彻尾的讹传，聂璜却拿它当真事，来论证鬼面蟹的由来，怎能不得出错误结论呢？中国知识分子自有"格物致知"的传统，即研究事物来获得知识。听上去很像搞科研，我的单位所在地——中国科学院天地科学园区里，也有一块刻着"格物致知"的巨石。但古人的格物，跟今天的科研完全不是一回事。明代大儒王阳明试图实践格物致知，对着院中的竹子"格"了七天七夜，依然"深思其理不得"，还大病了一场。王阳明格竹的方式，也是坐那儿干想，和聂璜格鬼面蟹何其一致！没有科学的思维模式，再有一腔热血，也无法获得正确的知识。

# 语文课文里的"真相"

我小时候，语文课本里有一篇课文《日本平家蟹》，似乎揭示了鬼面蟹长鬼面的真相。这篇文章是美国著名科普作家卡尔·萨根写的。所谓日本平家蟹（注：因分类地位变动，今已改名为日本拟平家蟹），就是聂璜画的鬼面蟹的一种。卡尔·萨根写道，日本平家和源家两大武士集团在1185年打了一场海战，平家溃败，大量武士淹死。传说死去的平家武士化为了蟹，后背长有武士面孔。日本渔民捉到这种蟹就把它们放回海里，以纪念这场海战。卡尔·萨根认为："如果你是一只蟹，你的壳是普普通通的，人类就会把你吃掉，你这一血统的后代就会减少；如果你的壳跟人类的面孔稍微相像，他们就会把你扔回海里，你的后代就会增多……随着世代的推移，那些模样最像武士脸型的蟹就得天独厚地生存下来。"

卡尔·萨根的结论是，日本渔民的人工选择让日本平家蟹变出了人脸。他以此证明人工选择力量之强大，足可以迅速改变物种的形态。同时又进一步证明进化论的正确："如果人工选择在这么短的时期内能够引起这么大的变化，那么，自然选择在几十亿年里能够引起什么样的变化呢？绚丽多彩的生物界就是答案。进化是事实，而不是理论。"

我小时候在课堂上读到这篇课文时，感到非常神奇。但随着我长大，获得的知识越来越多，越来越觉察到此文不靠谱。进化论、人工选择都有大量的事实来证明，唯独日本平家蟹的人脸不能当作论据，它肯定不是人工选择产生的。

卡尔·萨根是我敬重的科普作家，但他的专业是天文学，不是研究螃蟹的。他关于日本平家蟹的观点，是由英国进化生物学家朱利安·赫胥黎在1952年提出的。但是，赫胥黎也不是研究螃蟹的。跨行发表言论，使他们二位忽视了三点事实：

▼ 浮世绘画家歌川国芳的这幅画里，战败的平家大将平知盛随巨大的船锚沉入海底，成为怨灵。他的士兵纷纷化成了平家蟹

▶ 中国海中较为常见的一种关公蟹：伪装仿关公蟹

1. 日本平家蟹所在的科，叫关公蟹科。聂璜画的"鬼面蟹"也是关公蟹科的。这个科的螃蟹有22种，它们广泛分布在日本、中国、韩国、印度、越南、其他东南亚国家、澳大利亚、红海甚至东非，几乎涵盖半个地球。好几种关公蟹在日本都没有分布，但也长着鬼脸，它们不可能是古代日本渔民筛选出来的。

2. 现在已经发现了关公蟹科的化石，如四齿关公蟹（*Dorippe quadridens*），其人面纹与今天的几无二致，说明早在源平合战（1180—1185年）之前，甚至很可能在日本有人之前，关公蟹就已经有人面纹了。

3. 日本渔民之所以捞到平家蟹会扔回海里，纪念海战只是次要原因，主要原因是，关公蟹科的所有种类都长得又小又薄，没肉没黄，无食用价值。中国人、韩国人、东南亚人捞到关公蟹，也会扔回海里。所以，"如果你是普通壳的蟹，人类就会把你吃掉；如果你的壳像人脸，人类就会把你扔回海里"只是卡尔·萨根一厢情愿的想象，现实中就算真有一只关公蟹恰巧长得不像人脸，又被日本人捞到了，还是会被扔回海里，因为它根本没啥吃头。既然长不长人脸都要扔，那就不存在人工选择了。

以上几点，不光是我这样认为，美国甲壳动物学家乔尔·W. 马丁和日本横滨大学甲壳动物学家酒井恒在不同的著作中也提出过。卡尔·萨根看似比聂璜更科学地解释了鬼面蟹的成因，但依然是研究不深造成了错误。不知道现在《日本平家蟹》还在不在语文课本里，若还在，应该把它拿出来了。

# 有 根据的推测

那么，我们就真的不知道关公蟹长鬼脸的原因了吗？目前还不能。我在前文说了，要有科学家针对这个问题做过解剖学、行为学、进化生物学等一系列研究，才能得出答案。但是现在没有科学家研究。因为科学家还有很多更重要的问题要研究，蟹壳为什么形似人脸这种问题，对生产生活、科学进步、科学家个人前途都没什么作用，所以没人愿意研究。

▶ 蟹壳分区图（以蜘蛛蟹为例）。看图可知，关公蟹的鬼面纹并没有逃出这些基本的纹路

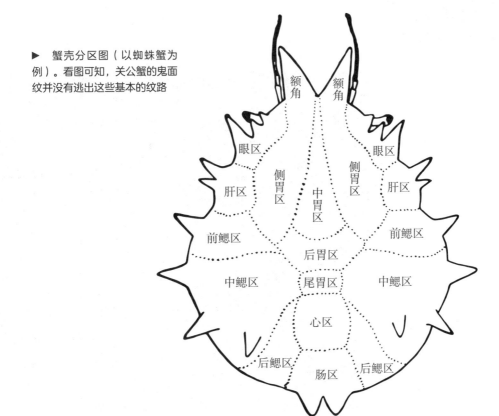

此外，在蟹类学家看来，这鬼脸实在没什么可奇怪的，因为他们见的蟹太多了。关公蟹的背壳花纹，其实和其他螃蟹的很相似。所有螃蟹的壳都有一些高低不平的隆块，位置和内脏对应。蟹类学家据此把蟹壳分成额区、眼区、胃区、心区、肠区、肝区和鳃区等区域。对照这几个区域的模式图你会发现，关公蟹鬼脸的"眼睛"就是前鳃区，"脸蛋"就是中后鳃区，"鼻子"就是心区和肠区，眉心的那道褶皱叫颈沟，是头部和胸部愈合后残留的分界线。很多螃蟹都有这些结构，只不过关公蟹更明显罢了。所以，问蟹类学家"为什么关公蟹后背像鬼脸"，就像问气象学家"为什么那块云朵像绵羊"，问地质学家"为什么那座山的轮廓像佛像"，只能得到这样的回答："不为什么，它就是恰好像了嘛！"

▲ 正常情况下，关公蟹的"鬼脸"会被背负物完全挡住。所以鬼脸不会是吓唬天敌用的

▼ 在厦门水族商吴润宏的工作室，我拍摄到关公蟹用特化的小腿背着伸展蟹海葵的画面。海葵有毒的触手可以有效防止鱼类、章鱼对关公蟹的捕食

▲ 关公蟹也经常会背贝壳。遇到敌人时，它会用小腿控制贝壳，用贝壳前缘磕击敌人

▲ 掀开背负的贝壳，能看到关公蟹的四条小腿是如何抓住贝壳边缘的

　　但是，作为科普工作者，我愿意多花些精力让读者尽量满意。很多读者会追问："关公蟹的那几道凹凸，很多蟹也有，这我知道了。但为什么关公蟹的凹凸如此明显呢？"目前没有官方答案，但我们可以给出一些有根据的猜测。我的朋友张旭对蟹类颇有研究。他说关公蟹是喜欢趴在海底活动的，还经常卧入沙中。为了贴合海底，它的身体非常扁平。但内脏不能随着身体扁平而随意减小，尤其是鳃，需要一定体积才能保证呼吸。所以关公蟹的鳃区格外隆起，用来容纳鳃，也就形成了圆瞪的"鬼眼睛"和鼓胀的"腮帮子"。这个猜想我认为是有可能的，但还需解剖证明。

　　另外，关公蟹有一个特殊习性：背一个东西盖住后背保护自己。它的最后四条腿不是特别小，还翻在背上吗？就是为了背东西而特化的。张旭据此又有一个猜测：鬼面纹有没有可能是为了增大摩擦力，让背上的东西不致脱落？这一点我倒不太认可。我在厦门见过很多活体关公蟹，它们喜欢用四条小腿背着一种特殊的海葵——伸展蟹海葵。这种海葵已经和关公蟹形成了一定的共生关系，能分泌几丁质膜，吸附在关公蟹背上。若遇到章鱼之类的天敌，关公蟹还会用四条小腿举起海葵，把它有毒的触手按在天敌身上，主动蜇走天敌。如果说鬼面纹是为了利于伸展蟹海葵的附着，还有些可能。但关公蟹除了海葵，还会背很多杂物，比如贝壳、树叶、海胆，它们和蟹背无法紧密贴合，主要是靠蟹的四条小腿抓着，鬼面纹也就起不到增大摩擦力的作用了。对了，鬼面纹也可能不是为了恐吓天敌，因为纹路平时都被背负物挡住了，天敌根本看不见。

还有一些潜在的原因，如蟹壳上的沟壑会在体内造成凸起，是体内组织的附着处（注：颈沟就是胃后肌一端的着生处）；隆起和凹陷可以加强蟹壳的受力强度，使其不易破碎……可能是方方面面的原因

▼　四齿关公蟹的画风比较非主流，它喜欢背着海胆

汇聚起来，使得关公蟹的后背纹路凑巧就像鬼面了。真正的答案，在我有生之年可能都无法知晓。区区一小蟹，把雷电、武士、画家、文人、学者、科普人全都牵扯进来，传说、争论、观察、思考，纷纷扰扰数百年未休，真是一出好戏！

## 海错图笔记的笔记·关公蟹

◆ 所有螃蟹的壳都有一些高低不平的隆块，位置和内脏对应。蟹类学家据此把蟹壳分成额区、眼区、胃区、心区、肠区、肝区和鳃区等区域。

◆ 关公蟹科下有22个物种，广泛分布在日本、中国、韩国、印度、越南、其他东南亚国家、澳大利亚、红海甚至东非，几乎涵盖半个地球。

◆ 关公蟹有一个特殊习性：背一个东西盖住后背保护自己。它的最后四条腿特别小，还翻在背上，就是为了背东西而特化的。

# 丝蚶、布蚶、朱蚶、江绿、巨蚶、蠯蚬、飞蟹、石笼箱

hān

léi xiǎn

## 【 身居瓦屋，白日飞升 】

◎ 蚶是南方沿海最常见的食用贝类，但你听说过它能长翅膀飞起来吗？

独蛐有家安居瓦屋

嗟彼海错风雨露宿

布蚶赞 一名瓦屋子

絲蚶贊
泯之蛀蛀抱布貿絲
絲勝於布即蚶而知

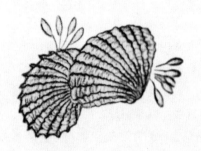

朱蚶贊
物以小貴莫如朱蚶
剖而視之顏如渥丹

# 上海甲肝风暴

1988年，全国人民突然嫌弃起上海人来。大家不愿接待来自上海的出差人员，不愿和上海人握手，不愿吃上海生产的食品……因为上海暴发了一场人类历史上罕见的甲肝疫情，有31万人染病。学校的教室和百货公司的大厅，都被征用来放病床。甲肝病毒主要通过"粪一口"传播，也就是说，把被甲肝病人粪便污染的食物吃进嘴里，才容易被感染。这种事情，怎么会发生在上海人身上呢？

吃蚶。

蚶是上海人极爱吃的一种滩涂贝类。它的壳有一条条肋，肋间长有细毛，所以俗称"毛蚶"。毛间往往存留泥浆，显得脏兮兮的。蚶肉如果熟透了，就无味难嚼。因此，百姓喜欢一壶热水浇下去，壳口微张，刚刚断生，吃来最好。疫情暴发后，人们发现80%以上的甲肝患者在此之前曾吃过蚶，而且那次甲肝疫情有三个高峰，每个高峰往前推30天（甲肝发病前的潜伏期），正好也都是上海毛蚶销售的高峰。

这些蚶是从江苏启东捕捞的。上海医科大学的胡善联教授、研究生汪建翔等人，租了一艘登陆艇到启东的产蚶海区，捞出蚶来，用

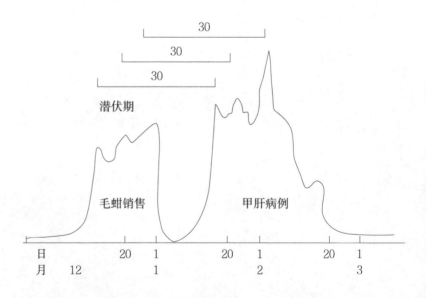

▲ 在1988年的甲肝风暴中，甲肝发病的三个高峰期分别回推30天，正好对应毛蚶销售的三个高峰期

► 蚶的血淋巴富含血红蛋
白，鲜红欲滴

cDNA分子探针杂交法等技术检测出海底毛蚶体内含有甲肝病毒。原
来，启东海域受到了严重的人畜粪便污染，污染物中的甲肝病毒被蚶
吸入，富集在了体内。人们烹饪蚶又不爱做熟，因此病从口入。

证据确凿，上海市政府立刻下令禁售毛蚶。这个禁令从1988年一
直延续至今。然而今天的上海，依然能或明或暗地买到毛蚶。毕竟它
在上海人心中，地位曾堪比大闸蟹。

##  民美食

何以见得？20世纪80年代有个调查，当时上海居民吃蚶率达
32.1%：三个人里就有一人吃蚶。在上海民众还用木制马桶的年代，
每家去河边洗马桶时，都要扔一些蚶壳进去翻搅。壳上的肋可以把脏
东西刮得干干净净。可见人民食蚶多么普遍。

不光上海，整个东南沿海，蚶都是极受欢迎的贝类。潮汕、福建
未受甲肝困扰，有幸至今可以食蚶。那里过年时，蚶是不可少的一道
菜。吃完后，壳要撒在院内、床下，被称为"蚶壳钱"，象征财富，
过几天才能扫走。

吃得多了，人们慢慢给蚶分了类。聂璜在《海错图》里就画了布
蚶、丝蚶、朱蚶、巨蚶等。我们一个个来说。

朱蚶殻作細楞如絲小僅如豆肉赤如血
味最佳福省賓筵所珍福州志有赤
蚶即此也或有悞作珠蚶者則非赤字
之意矣
朱蚶賛
物以小貴莫如朱蚶
剖而視之顏如渥丹

▲ 《海错图》里的朱蚶

"布蚶"图是他画得最精细的一幅,他说:"布蚶,其纹比之于布,亦名瓦楞子。吾浙……止此一种,名蚶……古人所论,亦惟此种。"说明这是最常见的一种蚶。在聂璜的家乡浙江,市场上所有的蚶都是这种。它壳面上的纹路像布纹,又像瓦楞。数一数,每片壳上有十几条楞,每条楞上还有很多小疙瘩,这绝对是今天生物学上所称的"*Tegillarca granosa*",这是拉丁文学名,中文正名叫"泥蚶"。它的特点就是壳上的楞较少,只有17~20条,显得很疏朗,楞上还有"结节状突起"。

聂璜还画了一种"朱蚶":"壳作细楞如丝,小仅如豆,肉赤如血,味最佳。福省宾筵所珍。福州志有赤蚶,即此也。或有误作'珠蚶'者,则非赤字之意矣。"这种就不好说了。小仅如豆的话,只可能是某种蚶的幼体,很可能就是泥蚶的幼体。如聂璜所说,泥蚶"闽粤江浙通产",不同产区、不同大小的个体,常被冠以混乱的俗名。聂璜说朱蚶是正名,珠蚶是误写,可潮汕美食家张新民认为珠蚶才是对的,因为它产自汕头一个叫珠池的地方。谁更有理,我想是掰扯不清楚的。

蚶在古书中还有个名字：天脔（音luán）。脔是小片的肉，天脔可理解为"此肉只应天上有"。唐人刘恂《岭表录异》中记有一种"天脔炙"，听名字非常厉害，但做法记述极简："烧以荐酒。"如今潮州有一种"煏（音bì）蚶"法，可能最贴近天脔炙：在红泥小烘炉上放块瓦片，把蚶放在瓦上烤至吱吱开口。

然而，聂璜对天脔有不同的理解。他认为，这个词的真意简单粗暴："从天上掉下来的蚶。"因为他见过一种蚶，真的长着翅膀。

## 飞 蚶之谜

《海错图》中有一幅"丝蚶"图，附文是："其纹如丝也。产闽中海涂，小者如梅核，大者如桃核，味虽不及朱蚶，而胜于布蚶。"此蚶壳上的楞更细密，没有结节状突起，那么可能是另一种蚶——毛蚶（*Scapharca kagoshimensis*）。当然也可能是其他种类。凭这么一张画实在不好认。

种类不是重点。我关注的是，这几个蚶，每只都长着四五个豆芽状的物体。再看后面的文字描述："五月以后，生翅于壳，能飞。海人云：每每去此适彼，忽有忽无，可一二十里不等。然惟丝蚶能飞，布蚶不能。常阅类书云：蚶一名魁陆，亦名天脔。不解天脔之说，及闻丝蚶有翅能飞，始知有肉从空而降，非天脔而何？"看来，这豆芽状物竟是蚶的翅膀！蚶还能借此飞到空中，长距离迁徙。聂璜因此认定，天脔，正是这种会飞的蚶。

三年前我看到这段文字时，完全不信。在固定季节临时长出小翅膀在空气中飞行的贝类，哪有这种东西？那几片柔弱的翅膀，有何力量把蚶带上天？鉴于《海错图》里有不少不可靠的传说生物，我就没把此图当真。

我平时有项工作，是管理我们单位的官方微博"@博物杂志"，经常用这个账号回答网友关于生物的提问。有一天，一个网友问我："吃蚶的时候发现蚶壳上有奇怪的东西，是什么？"并配了张照片。我一看，打了个激灵：一只蚶上，长着两个透明的豆芽状物，和《海错图》里的一模一样！

▲ 《海错图》里长小翅膀的"丝蚶"

我赶紧给网友留言："请问这个蚶还在吗，能不能寄给我？"不知何故，她再也没有回复我。但我的兴趣一下就被激发起来了，之前错怪了聂璜，为了赔礼，我要替聂璜把蚶翅之谜解开！

# 神秘的卵

仔细观察照片，每个"翅膀"都是一个扁平的袋状物，透明塑料质感，顶端有个开口，另一端有个细长的柄连在蚶壳上，不与蚶肉相连。蚶壳表面没有肌肉，"翅膀"的柄部也细到无法存留足够的肌肉或液体，完全不可能自行抖动，更不可能把蚶带飞起来。所以，我初步断定它一定不是翅膀，而是别的东西。

用"蚶""翅膀"等关键词搜索后，我发现福建省福鼎市有个地方叫硖门，当地有一土产——硖门飞蚶。有一篇公众号文章说："飞蚶到了夏季会长出一双翅膀，其实这是蚶的卵袋，长在外壳上，像羽毛球拍一样，质感如塑料膜一样晶莹。里面有卵，如果卵已孵化，袋就是空的。当受到外界刺激时，卵袋急速振动，能把几百倍重于翅膀的蚶身带动飞跃起来。夏季中下潮水线一带，海水冲滩，成群泥蚶呈

▲ 《海错图》中一种似蚶而色绿的贝类"江绿"

巨蚶多生海洋深處大者如孟如盂在海鮮者網罟不及舟楫罕至其大如箕殼可寸許琢為器皿偽充車渠亦瑩白温潤大者多産琉球島嶼間愚按蚶以形命名宜有分別如絲有翅能飛宜稱天翅布蚶紋珠宫貝屋巨蚶體偉宜稱陸厴貝名思義通之不相悖巨蚶贊日布日絲類同尼屋曰蚶巍然允稱魁陸

▲ 《海错图》中的巨蚶。个体极大，"如杯如盂，其大如箕"，蚶中最大的魁蚶也不可能有这么大，所以必不是蚶科的。根据外形和产地描述（多产琉球岛屿间），应该是砗磲（音chē qú）科的物种。聂璜说，有人用它来"琢为器皿，伪充砗磲"，说明其不是做珠宝的鳞砗磲、长砗磲，而应该是较少被人利用的其他砗磲科物种，如砗蠔（音háo）

▲ 砗蠔属于砗磲科砗蠔属。虽不如砗磲巨大，但也算大型贝类，壳长近20厘米。如今常在海滨卖贝壳纪念品的摊位出现

▼ 我模仿《海错图》里的摆放方式，拍下了飞蚶的实物照

抛物线状飞跃起来，如冰雹般纷坠，不愧是一大奇观。"

　　在这段神奇的文字里，我又找到了几张带翅膀的蚶的照片。其中，确实有的"翅膀"是不透明的，有内含物，而有些就是透明的，说明内含物已排出。每枚蚶的翅膀没有定数，有的长了七八个，有的只一个，更证明这东西是随机产生的，不是为飞而生。"成群泥蚶呈抛物线状飞跃起来"，不出意外的话，定是随口胡扯。

　　网文说这东西是蚶的卵袋，可蚶的繁殖方式明明是把精子和卵子直排进海水，根本不产卵袋。就我所知，只有海螺才会把卵产在坚韧的卵囊里。我和上海海洋大学的研究生刘攀讨论，他也倾向于这是海螺卵，并发给我一张照片：他的同学在野外调查时，发现一只大香螺的壳上也长了同样的小翅膀！这更证明"翅膀"不是蚶的卵了。一定是某种螺在海底一边爬行一边随处产卵（不少海螺都有这样的习性），爬到香螺上，就产在了香螺壳上；爬到蚶上，就产在了蚶壳上。蚶平时埋在泥里，只有壳的前缘露出泥面以便进出水。如果有足够的样本证明"翅膀"全都附着在蚶壳的前缘，再鉴定"翅膀"中卵的种类，就可以验证我的猜测。

　　但是问了一圈福建的朋友，竟然都未听说过"硖门飞蚶"。硖门这个地方，去一趟也比较麻烦，去了也没人带路，而且也不知"翅膀"生出的具体月份，于是这件事就一直放下来了。我大学时的室友汤蔚，现在在福建农林大学当老师，答应帮我留意飞蚶。

▲ 所有"翅膀"都长在蚶壳的前缘，即蚶露出泥面的部位

## 柳暗花明

2018年，我给《博物》杂志的肯尼亚旅行团当讲解老师。团员里有位在厦门大学读硕士的姑娘，叫曾文萃，她研究鲍鱼、凤螺等海洋软体动物。得知她的身份后，我马上跟她说了飞蚶的事。她想了想，说："和方斑东风螺（象牙凤螺）的卵囊很像，可能是它的近似种。"她给我看方斑东风螺的卵囊，确实与"翅膀"酷似，只是更加矮胖。看来，"翅膀"是一种螺的卵囊，应无问题。

2019年4月中旬，我觉得不能再拖下去了，就在微博上向网友征集"飞蚶"的线索。没想到正赶上飞蚶的产季，好几位福建网友反映，福州、霞浦、福鼎市场都正在卖这种蚶！很快，网友"@想取个名字很短很短的"给我寄来了一小箱飞蚶。几乎同时，汤蔚也在福州超市发现，普通的蚶堆里混有飞蚶。超市阿姨并不认识飞蚶，还问汤蔚："要这种长草的干什么？"我让汤蔚把飞蚶分成两份，用冰袋镇好，一份寄给我，一份寄给厦门大学曾文萃的实验室。

快递到了我家。曾经令我不敢相信的神秘生物、三年苦寻未见的飞蚶，就这样一大箱地摆在面前，真令人百感交集！情绪稳定后，我观察发现，每个蚶上的"翅膀"都无一例外地附生在蚶壳的前缘，也就是蚶活着时露出泥面的部位，这说明确实是某种动物在泥面上爬行时把卵产在蚶壳上的。与此同时，在厦门大学，文萃用显微镜观察"翅膀"内部的小颗粒，发现那些果然是海螺的幼体！在不同的"翅膀"里，可以找到螺的各个发育阶段：受精卵、4细胞期、面盘幼虫、长出螺壳的幼体，一应俱全。

文萃对"翅膀"进行了基因检测，这是鉴定物种最准确的方法。几天后，结果出来了：小"翅膀"的18S2基因片段和一种海螺——金刚衲螺（*Sydaphera spengleriana*）有99.86%的相似度，但是和金刚衲螺的COI基因比对不上。18S2基因是一段比较保守的基因，就算是不同种的螺也可能一样；COI基因是特异性比较强的基因，如果比对得上，就说明是同种。所以检测结果是：飞蚶的"翅膀"是一种螺的卵囊，它属于衲螺科（台湾名"核螺科"），但不是金刚衲螺。中国红树林保育联盟理事长刘毅得知此事后，向我提供了更多信息。他

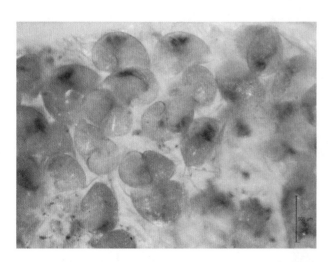

▲ 曾文萃用显微镜拍摄的照片显示，有些卵囊里的卵已经长成了带螺壳的幼体

▼ 有些卵囊里尚存有一粒粒的卵

在野外见过衲螺科多种成员的卵囊，看这种卵囊的大小和柄的长度，认为它应该是衲螺科、三角口螺属的，在这个属里基本可以锁定到"白带三角口螺"这个种，因为从渤海到东海，潮间带能见到的三角口螺基本都是白带三角口螺。

真相终于清晰了。《海错图》里"丝蚶"壳上的翅膀，是衲螺科物种的卵囊，主要是白带三角口螺产的。春末，它们在浅海爬行，把卵散产在海底，也产在了蚶露出泥面的壳上。人类捕到这样的蚶，觉得像长了翅膀，一番添油加醋后，就有了飞蚶的传说。

人们总觉得，古人记载的东西，现代科学肯定早就研究透了，但这幅康熙年间的小画背后的真相竟几百年间无人知晓。这就是古代博物学的价值。被现代人忽视的细节，古人会记录下来。在与古人对话时，我们就能朝花夕拾。

▲ 河蚬（Corbicula fluminea）

廣東番禺有白蜆塘廣二百餘里每歲
春煖霧起名落蜆天有白蜆飛隨微細
如塵然落田中則死落海中得鹹水則
生秋長冬肥積至數丈乃撈取蜆比黃
蜆而大閩雷則生雷少則鮮故文從雷

蜆蛣合贊

蟳因雷發蜆以霧成
番禺天蛤所由以名

蟳　蜆白

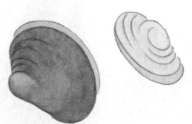

▶ 《海错图》中的蟳和蜆

# 组 团飞起来了

其实蚶能飞这件事，一听就非常无稽，按聂璜的脾气，应该对此加以质疑才对，可聂璜没有半点怀疑。因为他之前就听说，广东有一种"天蛤"，也会从空中飞来。既然有先例，那么"蚶之应候而飞，闽人岂欺余哉"？

这种天蛤，聂璜也画了，是一种白色的双壳小贝，名曰"白蚬"。聂璜引《广东通志》的说法："广东番禺有白蚬塘，广二百余里。每岁春暖雾起，名'落蚬天'，有白蚬飞堕，微细如尘，然落田中则死，落海中得咸水则生。"白蚬旁还有个黑色的贝，叫"蟟"，据说它在打雷后出现。

"落蚬天"一名，不知现在广东人还说不说了，反正直到民国还有。民国作家叶灵凤曾记载："香港春天多雾，又多南风。南风一起，天气就'回南'，这时就潮湿得令人浑身不舒服。有时天空又降下浓雾，白茫茫的一片，似烟似雨，不仅模糊了视线，就是呼吸好像也被阻塞了似的。这是沿海一带春天常有的天气，海滨渔民称这种天气为'落蚬天'，因为他们相信海边所产的蚬，乃是在雾中从天空降下的。"

飞蟹状如金钱蟛蜞产广东常以足东亚如翼挺海面摩

飞渔人以网猎之其味甚美颇书及广东新语时载

飞蟹赞

有足不行无翼而飞

粤东奇产他处罕布

▲ 台北故宫博物院藏《海错图》第四册中的"飞蟹"

► 大蚬（*Corbicula subsulcata*）是蚬中的"巨人"

蚬，是蚬科小型双壳贝的泛称，河蚬（*Corbicula fluminea*）、江蚬（*Corbicula fluminalis*）与《海错图》中的白蚬较相似。而黑色的"蠯"，可能是大蚬（*Corbicula subsulcata*）。它们的幼体都是在水中浮游的，不可能从天而降。然而回南天时，被水雾裹得喘不上气的人们，可能真的会相信，如此浓的雾足够承载起如尘的小蚬。想必蚬苗在水中出现时正赶上回南天，人们就将二者联系起来了。蠯应也是如此，它的出现期正与雷雨季重合。

《海错图》里还有一种飞行动物，叫"飞蟹"。它"常以足束并如翼，从海面群飞，渔人以网获之，其味甚美"。虽然它和飞蚶、天蛤一样，在现实中并不存在，但我真希望它存在，太可爱了。

◄ 金刚螺（衣裳核螺）。在蚶壳上产卵的螺，就是它的亲戚，肯定和它长得差不多

► 青蚶（*Barbatia obliquata*）。我这两个标本年龄不够大，还没长开。其实成体青蚶的壳两端膨大比较明显，还是很像银锭的。虽然形状欠佳，但还是能明显看出壳体泛绿、花纹似竹笼等特征

石籠箱贊

誰將箱籠

堆積海邊

路不拾遺

王道平平

▲ 《海错图》中有一种贝类，叫"石笼箱"，描述为"两壳状如银锭，生石上，有细纹如竹笼形……产福宁海岩"。中科院动物研究所的专家将此图鉴定为布氏蚶。但布氏蚶的壳面是棕色的，且多在北方，南方很少，不符合画中绿色的壳体和产地福建的描述。我认为石笼箱其实是蚶科的青蚶，它的壳两端大，中间细，壳面略显绿色，有一层层纵横交织的细纹，正似竹笼质感，且生于浙江至海南沿海，以足丝附着在礁石上，符合《海错图》中所有的描述

## 海错图笔记的笔记 · 蚶

- ◆ 根据科学家的研究，20世纪80年代在上海暴发的甲肝疫情与人们爱吃的毛蚶有关，因此某些地区才有关于毛蚶的禁售令。
- ◆ 泥蚶壳上的楞有17～20条，比较疏朗，楞上还有"结节状突起"。
- ◆ 海螺在浅海爬行时会把卵散产在海底，包括蚶露出泥面的壳上，所以蚶的壳上长出的"翅膀"是海螺的卵囊。

## 第二章

鱗

部

# 马鲛

【 南北皆有，一鱼多吃 】

◎ 从北到南，中国沿海居民都爱吃马鲛鱼。这种壮实的大鱼，
为何如此受欢迎呢？

後則愈趣而愈下矣

而頭尖味尤薄焉然則馬鮫初生者佳其

之末又有一種曰馬鮫梭魚身小狀如梭

鯮與鯤鰛同但身長而瘦味淡不羹馬鮫

與馬鮫同味又次於油筒焉又一種曰青

一等即白腹也又有一種鯮斑點頗大色

筒身帶青藍而無斑貴之皆油味遜馬鮫

馬鮫頭水身青而有斑其後有一種曰油

即如馬鮫其名有四五種而味亦優为馬

中又分數種即土著於海瑯亦不能盡辨

蔡曰華曰海中之魚種類既多而一種之

彙苑云馬鮫形似鯧其膚似鯧而黑斑最
腥魚品之下一曰社交魚以其交社而生
按此魚尾如燕翅身後小翅上八下六尾
末肉上又起三翅閩中謂先時產者曰馬
鮫後時產者曰白腹腹下多白也琉球國
善制此魚先長剖而破其脊骨稍加鹽而
晒乾以炙之其味至佳者舶每販至省城
以售臺灣有泥托魚形如馬鮫節骨三十
六節圓正可為象棋

馬鮫贊
魚交社生
夏入綱罟
鮮食未佳
羞可為脯

# 细碎的鱼翅

清朝康熙年间的一天，聂璜去菜市买来一条马鲛鱼，放在书桌上，一边端详一边画下它的样子，连尾巴上的小鱼鳍都一个一个数清楚，如实画在纸上……

这样的场景可能确实发生过。因为在聂璜绘制的《海错图》中，这幅画可算是最写实的作品之一了。对比今天马鲛鱼的照片，几乎一模一样。所以，这应该是聂璜对着真鱼写生而来的。

在这幅画旁，还有一段文字："此鱼尾如燕翅，身后小翅上八下六，尾末肉上又起三翅。"仔细看，这几枚小"鱼翅"果然清清楚楚地画在上面。

2016年春天我在宁波吃午饭时，发现餐馆里正好摆着几条马鲛，赶紧凑近看看。在脑海中和《海错图》的这幅画对比：尾鳍又长又弯，确实像燕翅，没错。尾柄侧面的肉上也确实有3个片状突起，这就是所谓的"又起三翅"了。不过我触摸之后发现，这3个突起并不是真正的鱼鳍，只是隆起的肉脊。

至于"上八下六"的小翅，有倒是有，可数量不太一致。有的鱼是上八下八，有的是上七下八……原来，这些细碎的小翅统称为"离鳍"，脊背上那排离鳍是背鳍的一部分，鱼腹部上那排是臀鳍的一部分。每条鱼的离鳍数目并不都一样，加在一起大概有14～20个。

离鳍不是长着玩的。马鲛常在海中飞速游动，而这些小鳍就相当于跑车尾部的扰流板，能让马鲛在高速运动中保持稳定。

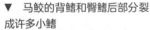
▼ 马鲛的背鳍和臀鳍后部分裂成许多小鳍

▲ 马鲛的尾柄侧面有一大两小3个脊状隆起，好似3个小鳍

▶ 春天的丹东鱼市，躺着几条蓝点马鲛。此时它们最肥美，售价也最高

# 春之鱼

马鲛还有一个别名叫社交鱼。难道它在海里还会穿上礼服去赴晚宴吗？当然不是。《海错图》中有一个解释："以其交社而生"。什么意思？不懂。清代博物学书《蠕范》就说得很清楚了："社交鱼……逢春社而生。"春社是祭祀土地神的日子，一般在农历二月初的某天（各地日期不同），这时正是马鲛到近海产卵的时候，不但容易捕捉，而且最为肥美。清代文学家全祖望曾写道："春事刚临社日，杨花飞送鲛鱼……鲛鱼过三月，其味大劣，在社前后，则清品也。"

所以，"社交鱼"就是"在春社期间出现的鱼"。它和飞舞的杨絮、柳絮一起，成为令人心喜的春日风物之一。

日本人也把马鲛视为春天来临的象征。春天的马鲛会群集于濑户内海。拥挤的鱼群甚至会在海面上形成隆起！日本人称这种景象为鱼岛。在日语中，马鲛写作"鰆（音chūn）"，字面意思就是"春天之鱼"。今天，菜市场上，春天依然是一年中马鲛最贵的时候。

# "撞"脸的兄弟们

《海错图》中，聂璜抱怨道："海中之鱼，种类既多。而一种之中又分数种，即土著于海琅，亦不能尽辨。即如马鲛，其名有四五种，而味亦优劣焉。"

确实如此。在生物分类系统中，马鲛指的是一个属。而这个属下又有好几种马鲛，从渤海到南海都有分布。《海错图》里的这幅画中，身上带着圆形斑点的鱼可能就是蓝点马鲛、朝鲜马鲛、斑点马鲛中的一种。不过，最有可能是蓝点马鲛，因为它是中国沿海地区最常见的马鲛。

《海错图》还记载了其他几种"马鲛"。根据描述来看，有的是马鲛，有的是马鲛的亲戚。比如"泥托鱼"，指的可能是康氏马鲛，因为在闽南语里它叫"土魠（音tuó）鱼"，名字相似。还有一种"青蓝而无斑"，被称为"白腹"或"油筒"的鱼，指的可能是和马鲛同属鲭（音qīng）科的日本鲭。在今天，它依然被称作"白腹鲭""油筒"。至于"身小，状如梭而头尖"的"马鲛梭鱼"，大概是马鲛的远亲——鲭亚目，金梭鱼科，舒属的成员。

▼ 海南年货市场上的康氏马鲛，俗名"土魠鱼"。《海错图》中描述，它的每节脊椎骨"圆正可为象棋"

▲ 日本鲭又叫日本鲐、白腹鲭、油筒。日本料理店里的"青花鱼、醋青花"指的就是它的肉。这种鱼很容易变腥，需要用醋腌制

# 马鲛的N种吃法

《海错图》对马鲛的评价非常低："最腥，鱼品之下。"这可太不客观了，要是真的这么难吃，又如何解释"山上鹧鸪獐，海里马鲛鲳""一鳘（音wú），二红鲹（音shā），三鲳，四马鲛（福建人对海鲜的排名）"这些对马鲛的溢美之词呢？腥，只是因为保鲜技术不佳。马鲛属于鲭科，这个科的鱼非常容易腐坏，捞上来后，如果不赶紧放血冷冻或腌制，会产生大量叫作组胺的物质，不但闻着腥，人吃了还会中毒，症状就像酩酊大醉一样。

▲ 蒸鲅鱼配窝头

但新鲜的马鲛是非常棒的海鲜。它肉极厚，刺还少，吃着过瘾。

"琉球国（注：今日本冲绳）善制此鱼，先长剖而破其脊骨，稍加盐而晒干以炙之，其味至佳。"这是《海错图》记载的做法。其实就是烤鱼干。不过，这么做有点儿糟蹋了这鱼。不如学学人家宁波象山县的"马鲛宴"，一条鱼能做出6道菜：鱼头做骨酱，鱼肉做鱼丸、鱼包肉、鱼滋面，鱼皮做熏鱼，剩下的鱼骨也能熬一锅粉丝汤，一点儿不浪费。

到了北方，蓝点马鲛被称为"鲅（音bà）鱼"。青岛的女婿到了春天有一个任务：给老丈人送去刚上市的鲅鱼。有道是"鲅鱼跳，丈人笑"。要是女婿亲自下厨，丈人就更高兴了。山东人做鲅鱼有一套，熏鲅鱼、鲅鱼馅饺子、鲅鱼丸子汤、红烧鲅鱼，好鱼怎么做都香。

至于日本人，当然少不了把马鲛做成寿司了。不论是用生鱼肉直接捏制寿司，还是醋渍、火烤鱼皮后再做成握寿司，或者用"幽庵烧"的做法，把鱼肉用酱油和柠檬皮腌制后烤香，都能吃出和中国菜完全不同的感觉。唯一的共同点就是——好吃。

## 海错图笔记的笔记·马鲛

◆ 马鲛的背鳍和臀鳍后部分裂成许多小鳍，这些小鳍统称为"离鳍"。马鲛常在海中飞速游动，这些离鳍能让马鲛在高速运动中保持稳定。

◆ 春天正是马鲛到近海产卵的季节，不仅容易捕捉，还肉质肥美，因此是令人心喜的春日风物之一。日本人也将马鲛视为春天来临的象征。日语中，马鲛写作"鰆"，字面意思就是"春天之鱼"。

# 跳鱼

【 怒目如蛙，背翅如旗 】

◎ 跳鱼是沿海很常见的小鱼，它能上岸爬行，能在水面跳跃，还是沿海居民的一道下酒小菜。中国渔民对于捕捉这种灵活的小鱼，有一套独特的办法。

薄猄溪逸曰一種瘦小者名海狗無肉人
不捕一種肥大而色白者名曰頰味薄不
美按字彙鰦字曰魚似鱔疑即跳魚

跳魚贊
爾智善邇爾邇友躅
入我殼中怒目而視

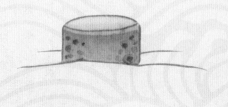

跳魚生閩浙海塗性善跳故曰跳魚亦曰
彈塗怒目如蛙侈口如鱧背翅如旂腹翅
如棹褐色而翠斑潮退則穴處海塗捕者
識其性多截竹管布插塗上類如其穴潮
退以長竿擊逐盡入筒中苟竹篸南山則

# 弹涂：弹跳在滩涂上

"跳鱼，生闽浙海涂。性善跳，故曰跳鱼，亦曰弹涂。"《海错图》中，聂璜开门见山地介绍了"跳鱼"，也就是今"弹涂鱼"名字的来历。这鱼确实很能跳，尾巴忽地一摆，就能把身体弹向空中。有些小型弹涂鱼，甚至会用尾鳍不断击打水面，像打水漂的石头一样贴水"飞行"。

但它最拿手的还是在陆地上跳跃。作为一条鱼，它却喜欢爬出水面，待在陆地上。每当落潮时，都能在滩涂上看到无数的弹涂鱼跳来跳去。这也是它"弹涂"一名的来历——弹跳在滩涂上的鱼。

▲ 眼睛突出，便于观察四周情况

▼ 大弹涂鱼常在滩涂上跳来跳去

▲ 弹涂鱼可以利用腹部的吸盘爬到红树上

# 陆的虾虎鱼

弹涂鱼属于虾虎鱼科。虾虎鱼对氧气需求比较高，缺氧的话容易死掉。弹涂鱼则把这个特点发挥到了极致：既然喜欢氧气，那干脆在退潮时爬出水面呼吸。有的种类，比如大鳍弹涂鱼，甚至连涨潮时都不愿泡在水里，只要身体能保持湿润，就更愿意待在岸上。简直和青蛙一样。

虾虎鱼家族还有一个特点，就是它的左右两个腹鳍愈合，变成了一个吸盘。弹涂鱼利用这个技能将自己吸附在红树的树根，然后一点一点爬到树上。虽然不能爬很高，但也算是上树了。所以，如果要"缘木求鱼"的话，最可能抓到的应该就是弹涂鱼了。

为了适应陆地环境，弹涂鱼的胸鳍上长出了"柄"，相当于两个小胳膊，可以帮助自己在地上爬行。除此之外，它的身体还发生了各种改变，可以闻到空气中的气味，看清空气中的物体，抵抗陆地上的病菌。

虽然登陆了，但弹涂鱼仍然保持着虾虎鱼家族的一种习性：两只雄鱼相遇后，都会展开背鳍露出自己鲜艳的花纹；有的种类还会仰天张开大嘴，好像在怒吼。这是虾虎鱼家族标志性的示威行为，弹涂鱼把它从水下带到了陆地上。

## "怒吼"的大块头

"怒目如蛙，侈口如鳢（音lǐ），背翅如旗，腹翅如棹（音zhào），褐色而翠斑。"根据《海错图》中的这段描述，可以推测，描述的是东南沿海常见的一种弹涂鱼：大弹涂鱼。大弹涂鱼可以长到20厘米长。身上零星分布的翠蓝色亮斑是它的标志。

大弹涂鱼精力旺盛，经常"对吼"，看上去特别凶猛。可它却是个吃素的家伙。仅仅靠滤食淤泥上微小的藻类，大弹涂鱼就能维持自己旺盛的精力，这让人难以置信。有趣的是，其他肉食性种类的弹涂鱼，反而比大弹涂鱼斯文得多。可一不留神，它就悄悄地抓住了一只小螃蟹，面无表情地啃起来。也许真正的猛士，都不太张扬吧。

▲ 薄氏大弹涂鱼正在"对吼"

## 请君入瓮的抓鱼秘术

弹涂鱼是一道好吃的海味，所以抓它的渔民可不少。这鱼不好抓，它生活在泥滩上。人很难在泥滩上行走，刚一接近，它就立刻钻进泥洞里了。纪录片《舌尖上的中国》里记录了一种抓弹涂鱼的方

▲ 薄氏大弹涂鱼舔食滩涂泥巴里的微小藻类。这是我在加里曼丹岛的小渔村拍到的，必须保持在烈日下一动不动，它们才会忽略我。到最后相机都烫到没法摸了

▼ 招潮蟹经常和弹涂鱼生活在一起

法：用鱼竿把特制的鱼钩甩出，再迅速收回，就能把半路上的弹涂鱼钩住。可这种办法需要很高的技术，鱼钩又常把鱼身钩破。

这时，就要看《海错图》里的秘籍了。清代渔民观察弹涂鱼的习性，发现它们喜欢先在泥滩表面挖好洞，遇到危险就钻进去。于是，渔民便把底端封闭的竹筒插进弹涂鱼挖好的洞里，再用长竿驱赶，弹涂鱼就配合地钻进竹筒里了。然后，他们轻松地拔出竹筒，把鱼倒进鱼篓。

直到现在，生活在浙江三门、宁波的渔民还在用这种方法捕捉弹涂鱼。他们还对捕鱼方法进行了改进。首先做一条带扶手的迷你小船，叫作泥船。然后，他们一条腿跪在船尾，另一条腿蹬踏泥面，就能在滩涂上快速移动，而不会陷进泥里。泥船上装满竹筒，看到弹涂鱼的洞，他们就把竹筒插进去。对于分辨弹涂鱼和招潮蟹的洞，渔民也有办法：招潮蟹的洞，洞口有蟹爪的爪印；弹涂鱼的洞，洞口有爬行时胸鳍留下的两串小坑。

# 抓鱼还是养鱼？

聂璜在看到热火朝天的弹涂鱼捕捉场景时，曾感叹："苟竹罄南山，则鱼嗟竭泽矣！"意思是说，如果整座山的竹子都拿来抓弹涂鱼，总有一天，弹涂鱼会被抓完的。

▲ 在加里曼丹岛的滩涂，我见到了亚洲最大的弹涂鱼——许氏齿弹涂鱼。照片中没有参照物，显得不大，其实它体长20多厘米，比成年人的手还长一大截。它会在滩涂上挖个小池塘，泡在里面晒太阳，只露出脑袋

这句话很有预见性。今天，弹涂鱼的数量已经不如以前多了。虽然各地都有人养殖弹涂鱼，但他们的鱼苗也大多是从野外直接抓来的。这并不是一个可持续的办法。还好，人工繁殖大弹涂鱼取得了不少成果。还有人用螺旋藻饲养弹涂鱼，养殖效率大大提高了。

# 做 一盘好吃的跳跳鱼

中国有好几种弹涂鱼，但人们却独爱品尝大弹涂鱼。因为它口感好。《海错图》中记载："一种瘦小者，名'海狗'，无肉，人不捕。"这指的应该是弹涂鱼属、青弹涂鱼属的小型种类。又说："一种肥大而色白者，名曰'颊'，味薄不美。"这可能是指齿弹涂鱼属的巨型种类。而大弹涂鱼属介于二者之间，成为人类的美味佳肴。

在浙江宁波有一句话："冬天跳鱼赛河鳗。"当地人认为冬天的弹涂鱼肉肥不腥，最好吃。在宁波的宁海县，小孩吃的第一口肉就是弹涂鱼肉。因为大人希望小孩子摔倒时，能像弹涂鱼一样昂起头，不会磕到地。

怎么做好吃呢？《海错图》里说，浙江台州的弹涂鱼做成鱼干好吃，而福建的弹涂鱼则只能吃新鲜的，做成鱼干则"味薄"。

其实，鲜鱼才不浪费它的细腻口感。可以裹上面糊炸焦后撒上椒盐食用，也可用宁波人喜欢的咸菜加酱油一起炒。最能体现其鲜味的做法，还得是先把它煎一下，再和豆腐同煮，变成一锅乳白色的跳鱼豆腐汤。不用放味精，已经鲜得掉牙了。

## 海错图笔记的笔记 · 弹涂鱼

◆ 弹涂鱼来自虾虎鱼家族，这个家族的特点之一就是左右两个腹鳍愈合，变成一个吸盘。弹涂鱼利用这个技能将自己吸附在红树的树根，然后一点一点爬到树上。

◆ 为了适应陆地环境，弹涂鱼的胸鳍上长出了"柄"，相当于两个小胳膊，可以帮助自己在地上爬行。

◀ 厦门第八市场的大弹涂鱼。只放薄薄的一层水，它们会非常活泼，水多了反而会将它们淹死

# 海鳝

## 【 似鳝非鳝，珊瑚之鞭 】

◎ 这种红色的大鱼，我们偶尔可以在海鲜市场上见到。由于长相奇怪，它还经常被新闻报道。其实，《海错图》早就记载了这种鱼。

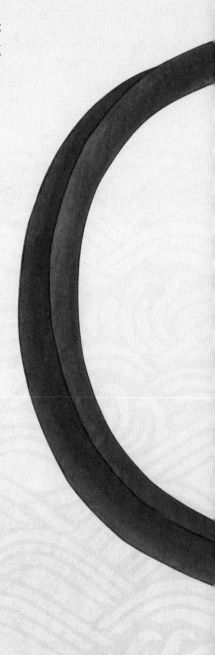

海鳝赞

劒自龍化焉作虽遷
鳝躍道傍變珊瑚鞭

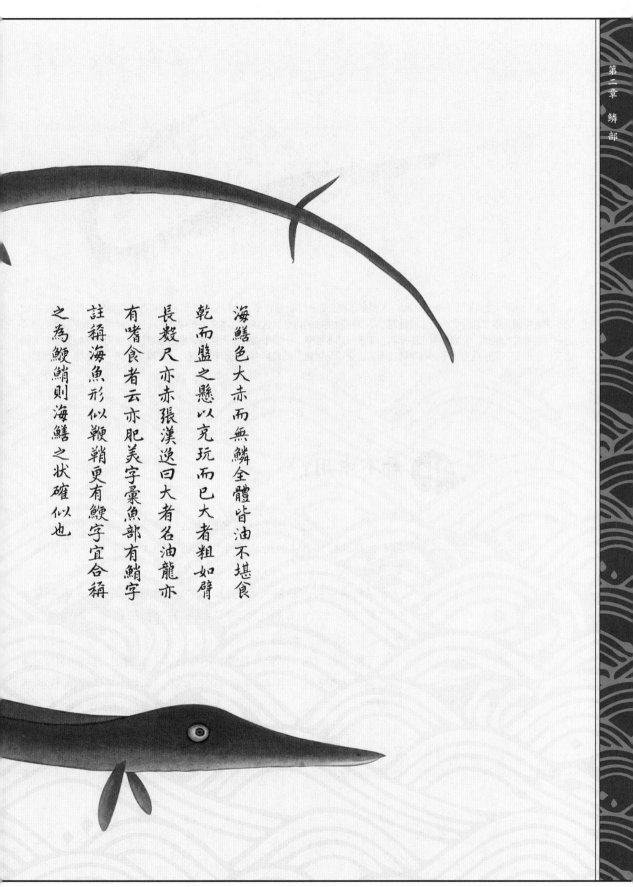

海鱔色大赤而無鱗全體皆油不堪食
乾而鹽之懸以充玩而已大者粗如臂
長數尺亦赤張漢逡曰大者名油龍亦
有嗜食者云亦肥美字彙魚部有鯙字
註稱海魚形似鞭鞘更有鯣字宜合稱
之為鯙鯣則海鱔之狀確似也

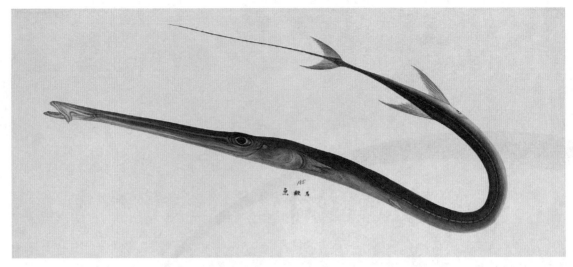

▲ 英国人约翰·里夫斯（John Reeves）是东印度公司的茶叶督察员，也担任着为英国搜集各地生物的任务。他在19世纪初来到中国，雇了几位广州画工，绘制了不少中国生物的肖像。这些画工本来擅长中式花鸟画，但里夫斯要求他们必须遵守"科学式的精确"：描摹真正的标本，不进行艺术夸张，一幅画必须一人完成。经过指导，这些无名无姓的中国清朝画工，画出了不亚于西方水平的科学博物画。这张"马鞭鱼"就是其中一幅，和聂璜的"海鳝"是同一种生物，但比聂璜的画要精美百倍

# 中 看不中用?

翻阅《海错图》时，这条鱼经常会让我多看两眼。它又怪又可爱，全身通红，身体像蛇，脑袋像仙鹤，有长长的吻部，但嘴只是尖端的一个小开口。

再看看旁边的注解："海鳝，色大赤而无鳞。"哦，原来这鱼叫"海鳝"。它全身的红色非常诱人，甚至被形容为"珊瑚做的鞭子"。这么好看，一定很好吃吧！

可再看后一句："全体皆油，不堪食。"意思是，这种鱼的肉富含油脂，很难吃。可捞都捞上来了，扔了又可惜，于是，清代的渔民将其"干而盘之，悬以充玩"，就是把鱼盘成圆圈状，晒干了，挂起来看着玩——那时渔民的业余生活实在太乏味了，这有什么好玩的……

# 海中烟管

今天，我们依然能在东南沿海的菜市场见到这种鱼，而且随着运输的发展，还偶尔能在北方市场见到。但当地居民看着害怕，不敢买。它科学上的正式中文名不叫"海鳝"，而是"鳞烟管鱼"。

鳞烟管鱼，属于烟管鱼科，算是海马的亲戚。烟管鱼科的成员全都长得像旱烟袋的烟管，就连在海里游动时，也像烟管一样直挺挺的，而不是像鳝鱼一样扭来扭去。所以称它为"烟管鱼"比"海鳝"更加形象。

中国有几种烟管鱼，只有"鳞烟管鱼"全身呈红色。所以，我们可以确定，《海错图》里画的就是鳞烟管鱼。

虽然名字里带了个"鳞"字，但确如《海错图》所说，鳞烟管鱼全身几乎无鳞，只在某些个别的位置生有鳞片。

▼ 一群烟管鱼在海底搜寻食物

# 偷袭小鱼，锯尾伤人

鳞烟管鱼生活在中国南方的温暖水域。每年3～11月都是它们的活跃期，特别是9～10月的每天上午，更是它们活跃的高峰时期。此时，如果你站在海边的礁石上，就能看到水中游动的一群群小鱼，它们的身后跟着一个像幽灵一样的"大烟管"。那就是伺机偷袭的鳞烟管鱼。当鳞烟管鱼的尖嘴接近小鱼时，就会突然张开，形成强大的吸力。细细的口腔便把小鱼吸进肚里。

除了尖嘴，鳞烟管鱼还有一个细尾尖。这个细尾尖有什么特殊的作用吗？当然。但只在非常时刻才会用到。鳞烟管鱼的细尾上有很多小锯齿。如果被人钓起来，鱼在挣扎时，这些小锯齿就会将人割伤。所以，钓到鳞烟管鱼后，钓鱼者会一边握住它的长嘴，一边踩住它的尾巴，然后把尾巴剪断，以免伤人。

▼ 这幅西方科学手绘画了两条外形相似、亲缘关系也相近的鱼。上边是烟管鱼科的鱼，下边是管口鱼科的鱼。管口鱼比烟管鱼更粗壮，尾鳍也不一样

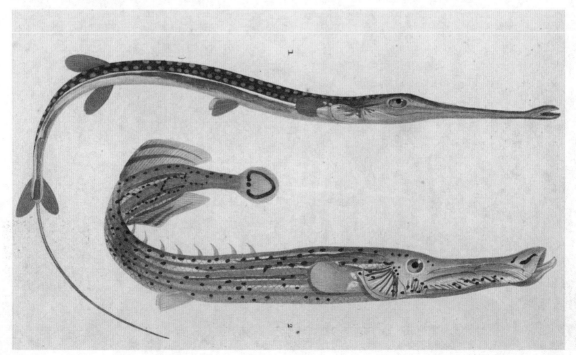

▶ 为了拍到鳞烟管鱼的照片，我在东京旅游时特意去了筑地海鲜市场。转了一早上，最后幸运地看到了一条碎冰里的鳞烟管鱼。估计它的归宿是被做成刺身

# 到底好不好吃？

前面说过，《海错图》记载鳞烟管鱼"不堪食"。可后面几句又写道，这种鱼能长到粗如臂、长数尺。这类大个儿的有个专门的名字叫"油龙"，有人专爱吃它，说很肥美。

鳞烟管鱼确实能长到两米左右。看来，大鱼确实要更好吃一些。其实，虽然《海错图》中经常描述某种鱼油大、难吃，但人们现在的口味已经发生了变化，反而觉得油大更香。如今，中国人会把鳞烟管鱼切段、煲汤、红烧或者酱油水。在日本，更时兴把最新鲜的鳞烟管鱼做成刺身，因为它的白肉部分没有腥味，还有丝丝甜味，入口软硬适中。

但是，大部分人还是凭直觉认为，这种鱼没啥可吃的。因为体长的一半都是嘴巴和尾巴，能吃的躯干又那么细。不能这么想。要想快乐，不能往上比，得往下比。跟那些肥鱼比，鳞烟管鱼肯定瘦。但跟它皮包骨的亲戚——海龙和海马相比，它就得算肉大身沉了。

## 海错图笔记的笔记·鳞烟管鱼

◆ 鳞烟管鱼，属于烟管鱼科，该科的成员长得都像旱烟袋的烟管，就连在海里游动时，也像烟管一样直挺挺的。

◆ 鳞烟管鱼生活在中国南方的温暖水域，每年3～11月都是它们的活跃期。鳞烟管鱼在捕食时会先伺机接近小鱼，当距离足够接近，就会突然张开尖嘴，形成强大的吸力，把小鱼吸进肚里。

# 蛇鱼、金盏银台、鱼化海鸥

zhà

## 【 以虾为目，以水为身 】

◎ 蛇鱼，现在叫水母。它好像不是地球该有的生物，柔软透明，引发了"生于水，化为水"的传言。"水母目虾"的故事，又为其平添了几分智慧。水母会变成海鸥吗？水母和海蜇又是怎样的关系呢？

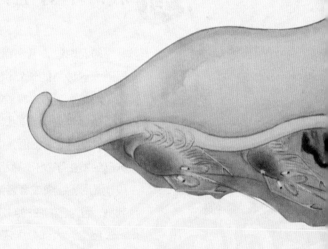

金盏银台赞

王母龙婆

大會蓬莱

麻姑進酒

金盏银臺

蛇魚赞

水母目蝦

曾有所假

志在青雲

但看羽化

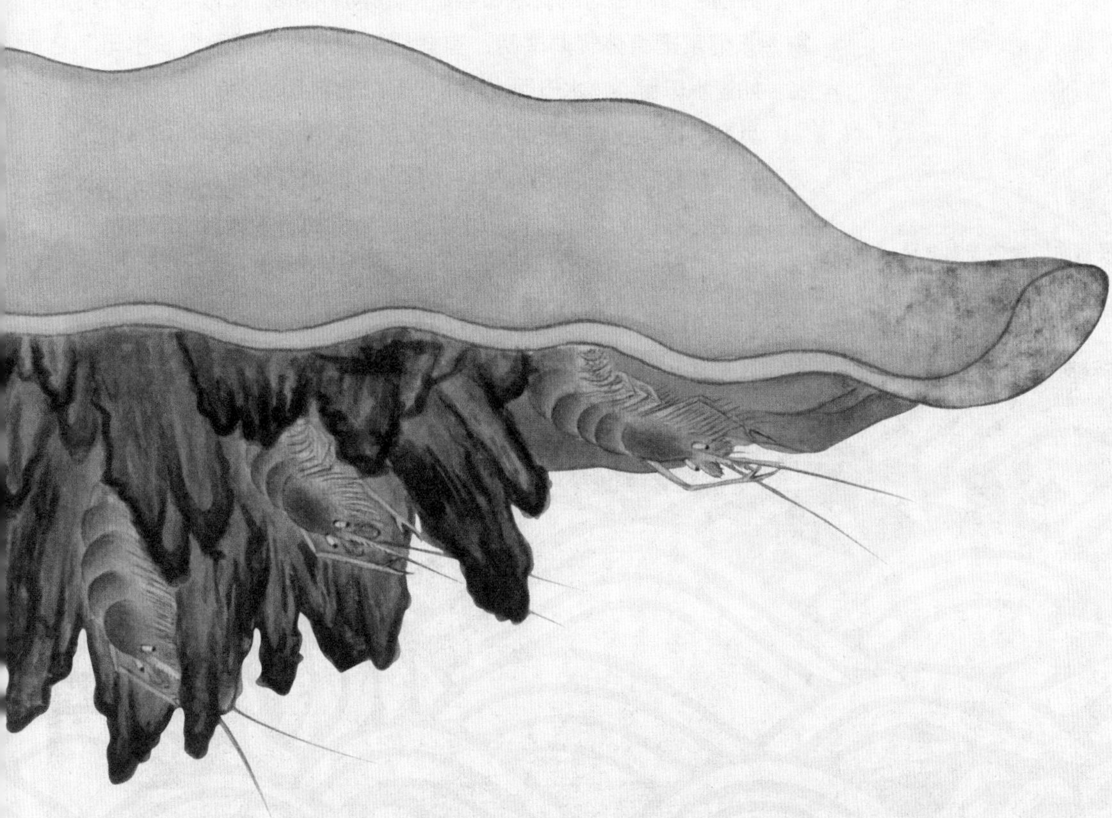

# 水 沫凝成？

"蛇鱼，即水母，又名海蜇，它不属于任何一类动物，是绿色的水沫凝结而成的，形如羊胃，浮在水中，没有内脏。"这是古籍中对水母的记载。聂璜看着这些文字，心生疑惑。当时他正住在浙江永嘉，离海港不远，见过不少刚捞上来的水母。亲手剖开，看到里面有"肠胃血膜"，这是动物的特点。而且当地的鱼汛都是从南而来，唯有水母群是从东北而来，还有大小年之分。这些特点，用"水沫凝成"是很难解释的。所以他认为，古籍中的记载有误。

聂璜的推测是对的。水母当然不是水沫凝成，而是实实在在的动物。人们常把身体轻薄透明、有些须子的海生物都冠以"水母"之名，如管水母目、钵水母纲、箱水母纲和十字水母纲等。

其实分类学上狭义的水母，也就是我们脑海中最经典的水母，都属于钵水母纲。它们的特征是身体分为伞部和口腕部，口腕上还长着很多须子一样的附属器。而餐桌上的海蜇，则属于钵水母纲下的根口

▼ 海月水母是中国海滨最常见的水母，但没什么食用价值

▶ 渔民在切割刚捞上来的海蜇。若不尽快处理，它们会迅速变质化水

水母目。所以，闹不清海蜇和水母是啥关系的你，现在该明白了：海蜇是水母家族的一员。

然而，"水沫凝成"的说法也并非空穴来风。水母身体95%以上都是水，死后几个小时，就"自溶"成一摊清水，只剩一点儿固体混在"尸水"中很难辨认。这难免让人产生"水母由水凝结而成"的联想。

《海错图》中记载，清代渔民为了避免海蜇化水，会用明矾处理，直到把"肥大甚重"的海蜇变得"薄瘦"后再出售。因为明矾会使海蜇迅速脱水，让蛋白质凝固，还能杀菌、除去触手里的毒性，这样就可以长期保存了。至今，明矾还是处理海蜇必不可少的用料。舟山渔民有谚："海蜇不上矾，只好掼沙滩。"

# 以虾为目？

"水母没有眼睛，但人要捞水母时，水母就迅速沉入水下，这是因为水母身下常聚集着数十只虾，以水母表面的黏液为食。它们充当了水母的眼睛。"这样的传说在古代典籍中处处可见。《海错图》中的这幅画，就展现了这一情景。至今，浙江宁波的老人在自嘲视力不佳时，还会说"我这是'海蜇皮子虾当眼'！"；甚至还有"水母目虾"这么个成语，比喻人没有主见，人云亦云。

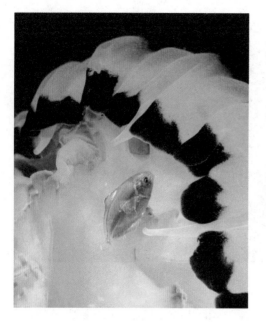

◀ 低鳍鲳可以躲在水母的
触手间，而不被触手蜇到

▼ 安全时，小鱼就游
到水母伞盖的上面

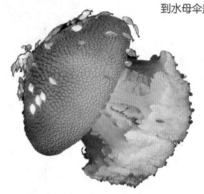

▼ 危险时，小鱼就躲在水母伞盖下

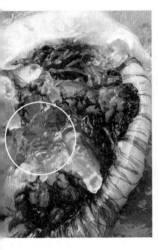

▶ 写文时，遍寻不到海蜇虾与海蜇共生的图片。一天意外看到微博上一网友拍到此图，竟和《海错图》中所绘出奇相似，赶忙向他求来放于文中。图中是一只翻过来的海蜇，可以看到很多只海蜇虾藏在它的口腕之间

这传说看似离奇，事实上竟是出奇地靠谱。中国海域确实有一种"海蜇虾"与海蜇共生。小虾平时在海蜇身体上自由活动，一有危险，它们就藏进海蜇的口腕里面。海蜇感受到虾的刺激，便知危险将近，于是迅速下沉。而虾也不是白白担任海蜇的眼睛：在有毒的海蜇触手的保护下，它们相当安全，还可以吃到海蜇吃剩的食物。

其实，水母的朋友不仅有虾，还有平线若鲹和低鳍鲳的幼鱼。常能看到水母在前面游，一大群小鱼在后面追，求水母"罩着"它们。捕食者一来，它们就瞬间冲进水母的"伞下"，并且有办法不让水母蜇到自己。

然而，水母也并不是没有眼睛。在它"伞"的边缘有一些缺口，每个缺口中都有眼点。虽然只能感受光线强弱，但好歹也是有啊。

最厉害的还要数眼点旁边的平衡石、感受器和纤毛。它们能感知远处风暴传来的次声波，从而提醒水母早早地下沉，避开风浪。有经验的渔民会根据水母的行为预测风暴。所以，虽然小虾、小鱼可以帮助水母感知危险，但没有它们，水母也不瞎不聋，过得不错。

▼ 《海错图》里的"蛇鱼化海鸥"图

## 水母变鸥？

康熙三十年（1691年）六月，福州连江县的渔民捞上来一只大水母。剖开一看，竟有一半身体变成了海鸥！一位叫王允周的人亲眼得见，为聂璜讲述了此事。聂璜遍查古书，没找到"水母能变为海鸥"的记载。但他自己分析，此事有三大合理之处。第一，水母喜浮于海上，海鸥也喜欢，习性上沾边。第二，水母质地类似蛋黄蛋白，孵出鸟来也是有可能的。第三，蚕化为蛾，不也是没翅膀的变成有翅膀的吗？聂璜不禁被自己的机智折服，挥毫画了一幅"蛇鱼化海鸥"图，赞美了一番造化神奇。

▼ ▶ 在辽宁丹东采访海蜇养殖场时，我要来两只海蜇苗，拍下了它们的可爱模样。所谓"金盏银台"，大概就是这么大的海蜇吧

金盏银台赞
王母龙姜
大會遠莱
麻姑進酒
金盏银臺

以今天的眼光看，聂璜的这三条分析简直是醉雷公——胡劈（批）。真相也许只是水母在风浪中裹住了一只海鸥的尸体残块。在深受"化生说"影响的古代，这种误解不胜枚举。

不过，水母一生中确实一直在"变形"。从卵孵化后，它先是变成小小的、圆乎乎的浮浪幼虫，然后固定在某处，变成海葵一样的螅状体，再变成一摞盘子似的横裂体，盘子一个个脱落下来，变成一个个碟状体，最后才变成水母体。在这几个阶段里，水母的长相截然不同。

《海错图》中记载了一种小型水母——"金盏银台"。传说每年四月初八下大雨时，每个雨滴砸出的水泡就变成一个小水母，待它们初具水母形状时，当地人将其晒干，和肉同煮，"薄脆而美"。所谓水泡变为水母自然是谣传，但这"金盏银台"应该就是刚刚成年的小海蜇，或是其他小型水母。

## 海错图笔记的笔记·水母

◆ 经典的水母都属于钵水母纲，特征是身体分为伞部和口腕部，口腕上还长着很多须子一样的附属器。人们熟知的海蜇也是一种水母，属于钵水母纲下的根口水母目。

◆ 中国海域有一种"海蜇虾"与海蜇共生。小虾平时在海蜇身体上自由活动，一有危险，它们就藏进海蜇的口腕里面。海蜇感受到虾的刺激，便知危险将近，于是迅速下沉。在海蜇触手的保护下，小虾不仅安全，还可以吃到海蜇吃剩的食物。

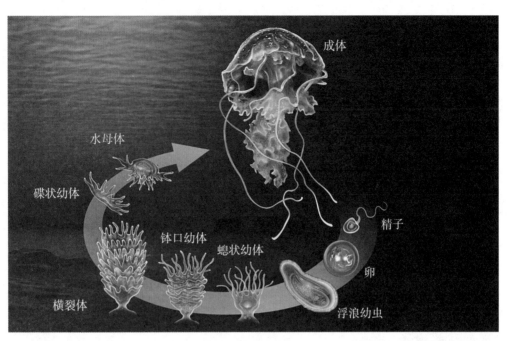

▲ 水母的一生要经历各种外形变化

▼ 海蜇各部分图解。括号里是渔民、食客口中的称呼

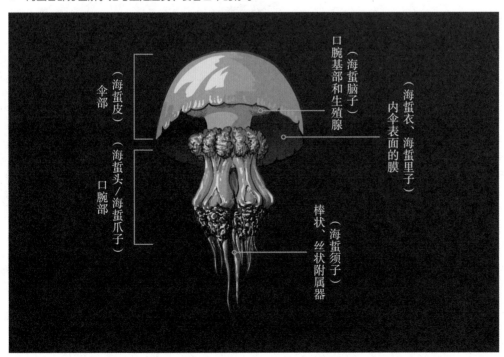

# 锯鲨、犁头鲨

## 【 海中大物，铁锯在嘴 】

◎ 嘴上长个锯子，是什么体验？关于这个问题，海中的一种大鱼最有发言权。

說文云鮫鯊海魚皮可飾刀爾雅翼云鯊
有二種大而長喙如鋸者名胡沙小而粗
者名白鯊今鋸鯊鼻如鋸即胡鯊也字彙
鯤但曰魚名疑即鋸鯊也此鯊與鋸鯊
似犁頭鯊狀惟此鋸為獨異其鋸首與身全
約長三之一漁人網得必先斷其鋸懸於
神堂以為厭勝之物及鬻城市惶與諸鯊
等人多不及見其鋸也彙苑載鯤魚註云
左右如鉄鋸而不言鼻之長總未親見故
訓註不能暢論至宇彙則但曰魚名尤失
考較也漁人云此鯊狀雖惡而性善肉亦
可食又有一種劍鯊鼻之長與鋸等但無
齒耳以其狀異故又另圖其鋸背豐而傍
薄景能鋸舟甚惡彙苑海魚千歲為劍
魚一名琵琶魚形似琵琶而喜鳴因以為
名考福州志鋸鯊之外有琵琶魚即劍鯊
也

　　鋸鯊賛

海濱蝦蟹生活泥水
鯊為木作鐵鋸在嘴

# 两 种鲨鱼之一？

战国到西汉时期，中国出现了一本书：《尔雅》。尔者，近也；雅者，正也。尔雅的意思就是"把词义解释得合乎规范"。说白了，就是中国的第一本词典。

但是《尔雅》中的很多词条解释得不够细，所以南宋时期又出现了一本《尔雅翼》。翼，就是辅佐、辅助的意思。这本书就是对《尔雅》的详细解释。

《尔雅翼》在解释"鲨"这一词条时写道："鲨有两种：大而长喙如锯者名'胡鲨'，小而皮粗者名'白鲨'。"

鲨鱼怎么可能只有两种呢？现在我们当然知道鲨鱼的种类超级多，但是古人毕竟认识有限，能知道两种就不错了。

聂璜在《海错图》中画了一条大鱼——"锯鲨"，他认为，这就是《尔雅翼》中的"胡鲨"，因为它们都"长喙如锯"，有一根长着锯齿的长吻。

# 鲨 还是鳐？

不管是《尔雅翼》里的"胡鲨"还是《海错图》里的"锯鲨"，都是古人起的名字。作为现代人，我们重点要知道它在科学上叫什么名字。在今天的鱼类学中，有两类鱼和这张画里的相似：锯鲨目和锯鳐目。它俩的区别是：

◆锯鲨的个子小（约1米），锯鳐的个子大（动辄六七米）。

◆锯鲨吻部的"锯齿"大小不一，又多又密；锯鳐的锯齿则大小均一，又大又稀疏。

◆锯鲨是鲨鱼体形；锯鳐则像拍扁了的鲨鱼，体形介于鲨鱼和鳐鱼之间。

◆锯鲨的吻上有两根长须子，锯鳐则没有。

◆锯鲨的鳃裂在体侧；锯鳐的鳃裂在腹面，背面有两个呼吸孔。

▼　锯鳐（左）和锯鲨（右）示意图

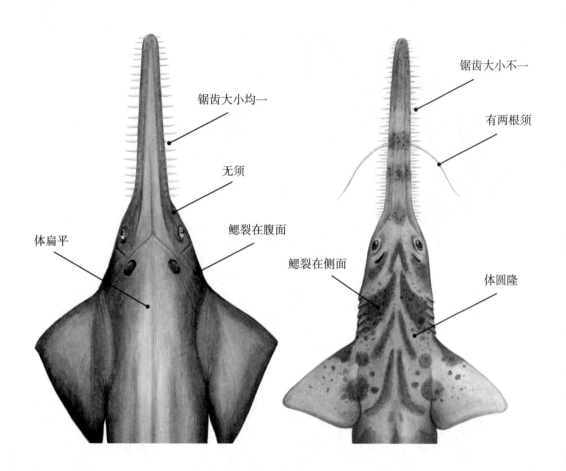

锯齿大小均一

无须

体扁平

鳃裂在腹面

锯齿大小不一

有两根须

鳃裂在侧面

体圆隆

现在我们来看《海错图》里的这幅画，试着鉴定一下。体型大、锯齿大小均一、吻部没有须子，像锯鳐；锯齿又多又密，像锯鲨；鳃裂在身体背面，没有背鳍，锯鳐和锯鲨都不像……简直是个四不像！

这种情况在《海错图》中比比皆是。对于一些较大的鱼，聂璜无法放在家中写生，只能在市场、码头观察后，回家凭印象画出，所以很多细节都会失真。

不过我们已经能对比出，这幅画还是更像锯鳐一些。加上聂璜在配文中还写了一句"此鲨首与身全似犁头鲨"。"犁头鲨"在今天叫"犁头鳐"，正是锯鳐最近的亲戚，二者体形极为相似，都是又长又扁。那么我们可以确认，这幅画画的就是锯鳐。

▼ 《海错图》里的"犁头鲨"（上），是现实中的犁头鳐（下）。它是和锯鳐最近的亲戚。仔细看，聂璜把犁头鳐的鳃裂也错误地画在了背面，实际上应该在腹面

海變桑田鮫人是利
漁名犁頭䃂肯農器
犁頭鯊貫
竅並大故皆胎生
竅鼻竅上下相通尾閭之
口皆在腹下腮左右各五
細按犁頭及雲頭雙瞽其
狀其身翅與諸鯊同肉亦
犁頭鯊嘴尖頭濶如犁頭

▲ 澳大利亚的锯鳐可以进入淡水河流生活

## 能 咸能淡

　　锯鳐目下分1科2属5种。据《中国动物志》，中国大海里有2种：尖齿锯鳐和小齿锯鳐，都在南海或东海南部。这几种锯鳐摆在一起，你会立刻犯"脸盲症"，长得明明一样啊？别自卑，科学家也没搞清楚这几种锯鳐的关系。前两年还有分子研究表明，有3种锯鳐其实应该合并成一个种。

　　这些让人头疼的分类问题我们就不要管了。我们只需知道，锯鳐目在全球的热带、亚热带水域里都能看到，分布得非常广，给各地的古人们都留下了深刻的印象。在欧洲、中亚、非洲和大洋洲的古代艺术品中，都能看到锯鳐的形象。澳大利亚、非洲的原住民还会在舞蹈中模仿锯鳐游泳。

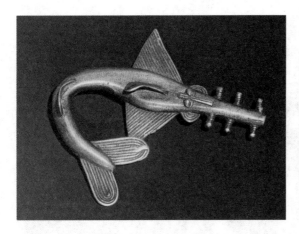

◀▲ 在澳大利亚原住民的岩画（上右）、法国的木版画（左）、西非的雕刻（上左）里，都出现过锯鳐的形象

　　为什么要模仿？因为当地人认为锯鳐有神秘的力量。某些部落甚至认为，河流就是锯鳐从海里往陆地上游一路用"锯子"挖出来的。看似荒诞的传说背后有它的原因：锯鳐确实会游进淡水河流，甚至一路上溯到内陆水域。

　　进入淡水河的，一般是锯鳐幼体。对于小锯鳐来说，混浊的河水含有丰富的养分，养育了河底的各种可以吃的小生物，而且淡水里没什么天敌。当小锯鳐长到两米多，就进入大海，最终长成六七米长的巨怪。

# .状 恶性善

锯鳐那恐怖的大锯，是如何使用的？它首先是一个"雷达"。锯鳐视力不好，又常生活在混浊的水里，想看也看不清。于是它的长吻上密布着生物电感受器，只要有猎物经过，就能立刻监测到。

然后，锯鳐就迅速左右摆动长吻，用锯齿把猎物戳死，再用嘴吞下。这些锯齿并不是真正的牙齿，可能是由鳞片演化来的，但威力丝毫不差。

虽然捕食动作很猛，但锯鳐只吃一些底栖鱼、乌贼等小动物，吃饱就算。平时性情温和，更不会袭击人。西方那些"锯鳐会把船锯沉，再吃掉船员"的传说，都是无中生有的臆想。

还是中国渔民更实事求是。《海错图》里写道："渔人云：此鲨状虽恶而性善。"清朝胡世安的《异鱼图赞补》还说："渔人云：此鱼惜齿，齿挂于网，则身不敢动，恐伤其齿。"由此还产生了一句民谚："千金之锯，命悬一丝。"锯鳐的锯齿都长在肉里，一旦挂在渔网上，挣扎起来一定很疼，所以便老老实实地不敢动了。这脾气也太好了点儿……

▼ 19世纪，人类猎捕巨型锯鳐的场景

# 捕 鱼求锯

锯鳐生活的浅海和河口，正是人类活动的热点地区，加上它们的繁殖能力不强，所以只要人类一发达，它们就倒霉。地中海的锯鳐早早地就消失了，其余地区的锯鳐也全线崩溃。水质污染、过度捕捞，让它们在几十年内迅速减少到濒危或极危的地步。现在，锯鳐科所有种都被列入《濒危野生动植物种国际贸易公约》（《华盛顿公约》，CITES）最高级别的附录I中，禁止国际性交易。

话虽如此，但民间对它的捕捞从来没停过。有的是故意捞的，有的是误捕的。捞上来后，除了吃肉、割鱼鳍做成鱼翅，最抢手的当然是那根大锯子了。印第安人用锯齿做成切割器，菲律宾人、新几内亚人、新西兰人把整根锯子当成兵器；秘鲁人在斗鸡时，把锯齿装在鸡脚上，增加杀伤力。

中国人则用锯鳐的锯子搞"封建迷信"活动。《海错图》里说，当时清代菜市场里的锯鳐都没有锯子，因为渔民会在锯鳐出水后第一时间砍下锯子，"悬于神堂，以为厌胜（辟邪）之物"。今天在台湾，盛行乩（音 jī）童作法，说白了就是跳大神。其中有个重要法器"鲨鱼剑"，就是锯鳐的锯子。跳神者用鲨鱼剑抽打自己的身体，打出血，据说这样就可以神灵附体了。

根据用途，鲨鱼剑还分成好几种。尖齿锯鳐的锯子根部有一段没有锯齿，正好可以手握，而且锯子长度和剑类似，于是成了乩童作法的最佳选择。窄吻锯鳐、小齿锯鳐的锯子布满锯齿，而且又粗又长，甚至达到1.7米，一人多高，这就没法拿着了，只适合供起来，当作镇庙之宝。还有一种超小号的"肚剑"，来自雌锯鳐肚子里的宝宝（锯

▼ 1689年，巴伐利亚选帝侯马克西米利安二世的锯鳐双手剑

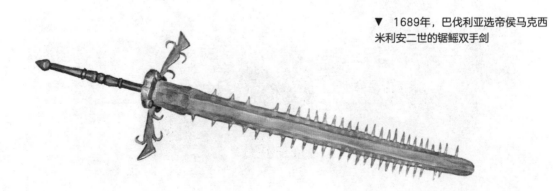

◀ 在20世纪初，人类捕猎了大量锯鳐。当时这么大的个体很常见。现在，能看到一条锯鳐都是很幸运的事情了

鳐是卵胎生，卵在体内孵化），放在香炉底或者汽车仪表盘上。据"大师"说，多少也能保保平安。

　　这些年，锯鳐越来越少，鲨鱼剑不好找了，有商人开始用塑料和铁皮制作仿真鲨鱼剑。真是生财有道。与此同时，美国科学家发现一条野生的小齿锯鳐开始孤雌生殖了。2011年，它在没有和雄性交配的情况下产下了7个后代。人们还是第一次观察到这种情况。这可能意味着锯鳐已经少到找不到配偶，被迫发展出了孤雌生殖的技能。而这样生出的后代，体格可能会非常脆弱。

　　这些苟活的锯鳐，如果知道自己的锯子在被人类热火朝天地使用着，不知会作何感想。

## 海错图笔记的笔记 · 锯鲨和锯鳐

◆ 锯鲨的个子小（约1米），锯鳐的个子大（动辄六七米）。

◆ 锯鲨吻部的"锯齿"大小不一，又多又密；锯鳐的锯齿则大小均一，又大又稀疏。

◆ 锯鲨是鲨鱼体形；锯鳐则像拍扁了的鲨鱼，体形介于鲨鱼和鳐鱼之间。

◆ 锯鲨的吻上有两根长须子，锯鳐则没有。

◆ 锯鲨的鳃裂在体侧；锯鳐的鳃裂在腹面，背面有两个呼吸孔。

# 刺鱼、刺鱼化箭猪

**【 海鱼有刺，一怒成球 】**

◎　一条鱼，不但能变成刺球，还能变成豪猪？研究一下是真
是假。

刺魚產閩海身圓無鱗略如河豚狀
而有斑點週身皆刺棘手難捉亦不
堪食時乾之為兒童戲耳大者去其
肉可為魚燈字彙魚部有鯯字疑即
此魚也

刺魚贊

虎豹在山不採蒺藜

海魚有刺可制鯨鯢

# 略 如河豚，周身皆刺

聂璜在福建住过很多年，自然在《海错图》中记载了很多福建的鱼。比方说这幅"刺鱼"。配文中说："刺鱼，产闽海。身圆无鳞，略如河豚状而有斑点，周身皆刺，棘手难捉。"

考证这种鱼，几乎不用费劲。哪怕你没有什么鱼类学知识，也能一下猜个八九不离十。因为它的真身在今天很著名，经常出现在纪录片、动画片中。没错，就是那个一生气就膨胀成一个刺球的刺鲀（音tún）。

刺鲀是鲀形目、刺鲀科鱼类的统称。它符合《海错图》中的一切描述：产于东海、南海，自然包括"闽海"；被捞起来时身体会受惊胀圆，即"身圆"；全身覆盖着皮肤，即"无鳞"；与河豚是亲戚，同属鲀形目，当然"略如河豚状"了；最显著的特点，就是身上有很多鳞片特化而成的刺，即"周身皆刺棘"。

再看这张图，也基本完全对应，除了背鳍太靠前了点儿、多画了一对腹鳍（刺鲀只有臀鳍，无腹鳍）。这应该算正常的记忆误差。

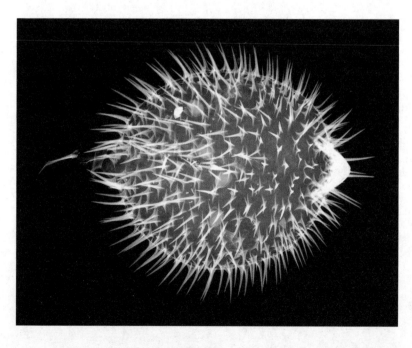

▲ X光下的刺鲀，可以看到每根刺的根部都有分叉，埋在皮肤下，保证刺的稳固

▲ 刺鲀属的刺可动，平时贴在身体上，膨胀时才立起来。这个属里的密斑刺鲀（左）和六斑刺鲀（右）是中国最常见的两种刺鲀，它们最可能是《海错图》中的"刺鱼"

▲ 圆短刺鲀属的"眶棘圆短刺鲀"

▲ 短刺鲀属的刺不可动，始终直立

## 哪 种刺鲀?

既然鉴定得这么容易，那不妨再深入一下，看看这幅画里的可能是哪一种刺鲀。

《海错图》里这条刺鲀的一大特点，就是周身都均匀分布着暗色的点状斑。刺鲀科在中国海域有4个属：短刺鲀属、圆短刺鲀属、刺鲀属和冠刺鲀属。其中只有刺鲀属的艾氏刺鲀、六斑刺鲀、密斑刺鲀浑身有点点，其他刺鲀的身上都是大斑块。所以，《海错图》里画的应该是它仨中的一种。

## 球还是水球？

平时的刺鲀，身体是修长的，一旦被渔民捞上来，就会立刻吞下大量空气，胀成球状，立起刺。这是它的御敌姿态。这样一来，在海里天敌就下不去嘴了。用在渔民这里，也会让人"棘手难捉"。

由于被捞上来后，刺鲀吞咽的是空气，变成了"气球"，所以不少人以为它在海里膨胀时，也吞的是空气。可身在水中，哪里来的空气？于是有些"伪科普"就编造说：刺鲀在水中遇到天敌，就立刻冲到水面吞咽空气……这也太假了。刺鲀常生活在十几米深的水里，而且鲀类游泳又是出了名的慢，冲向水面刚到半截就被天敌吃了，哪还等得到胀成球？

实际上，刺鲀在海里是就地吞水，把自己变成"水球"。被捞上来后，它还想继续吞水，可鱼已离水，就只能吞空气了。

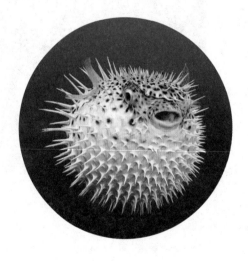

◀ 刺鲀平时身体修长，受惊时吞水胀圆，刺立起

## 以充玩

从《海错图》里的记载看，当时清朝人并不爱吃刺鲀。他们认为刺鲀"不堪食"，只能晒干了"为儿童戏"。怎么玩呢？它的另一个名字"泡鱼"揭示了方法："吹之如泡，可悬玩。"就是把刺鲀吹鼓

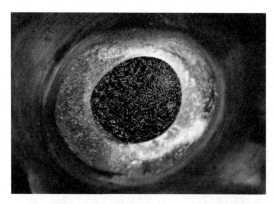

▲ 活的刺鲀眼睛有美丽的色彩，像是里面正在开演唱会，有无数蓝色和绿色的荧光棒

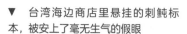

▼ 台湾海边商店里悬挂的刺鲀标本，被安上了毫无生气的假眼

了，晒干成标本，将它的球样固定下来，挂起来玩。要是大个儿的鱼，还能"去其肉，可为鱼灯"。想象一下，用木棍拴上线，挂上一只圆鼓鼓的刺鲀标本，薄薄的鱼皮内透出烛光，一定是孩子们最珍视的玩具。

在今天，海边的特产店依然可见鼓成球的刺鲀标本，供游客买回家当摆设。除此以外，今人也开发出了一些刺鲀的吃法。要知道，刺鲀不像河豚那样毒性大，鱼皮和鱼肉更是无毒，吃起来比河豚要放心多了。

日本冲绳有一种做法，是把肉切成大块，再用味噌煮成汤，据说吃起来不像鱼肉，比鸡肉还要细嫩。

台湾澎湖人更是料理刺鲀的行家。近年渔业枯竭，刺鲀产量倒还行。澎湖人出海一圈，有时啥都捞不到，却收上来满船的刺鲀。为了让消费者接受这种怪鱼，渔民开始搞刺鲀美食游（让游客捧着活鱼玩一会儿，拍拍照，再吃一顿刺鲀宴），还研究了各种吃法。台湾媒体也请渔民在电视上现场做料理，帮渔民打开市场。

澎湖的做法有这些：把肉切成片涮锅，或者按三杯鸡的做法弄好，放在铁板上吱吱作响。最好吃的，还得说是刺鲀的皮。把刚打上来的刺鲀剥皮，煮熟，再立刻冷藏。一热一冷后，皮里的刺就松动了。再用钳子一根根拔掉刺，切成条，做成凉拌刺鲀皮。沾点儿酱油放在嘴里，嚼起来嘎吱嘎吱的，毫无腥味。

中国大陆则喜欢把刺鲀皮晒成干。总有网友拍下亲友赠送的刺鲀皮干，问我怎么吃。和墨鱼干、老母鸡炖汤就可以，拔不拔刺都行。炖得鱼皮里的胶质完全发起来，抿一口，黏得糊嘴。

# 刺鱼化箭猪？

《海错图》里还画了一种"箭猪"，模样奇怪，但文字描述比较清楚："项脊间有箭，白本黑端，人逐之则激发之，亦能射狼虎。但身小如獾状。"这肯定说的是华中、华南广布的豪猪。

豪猪虽叫猪，却是啮齿目的，和老鼠是亲戚。它长着黑白相间的大刺，被天敌攻击时，虽不会把刺发射出去，但也能背对天敌，甩动尾巴，发出"哗哗"的警诫声。一旦天敌进攻，必然被扎一身刺。豪猪和刺鲀都是一身刺，让古人产生了联想，误以为大型的刺鲀可以变成豪猪。聂璜还为此写了个《刺鱼化箭猪赞》：

海底刺鱼，有如伏弩。

化为箭猪，亦射狼虎。

刺鲀当然不会上岸化为豪猪，但岸上也常能见到它们。刺鲀喜欢在浅海的暗礁间游动，离岸非常近。我在泰国浮潜时，有一次刚下水，就在一米多深的水里看到一条六斑刺鲀躲在珊瑚洞里，露出个大脑袋，噘个小嘴，拿大眼睛瞟我。

在这么浅的海里活动，意味着它们死后很容易被浪推上岸。加上它的皮比较硬，不易腐烂，于是在热带、亚热带的沙滩上常能看到死去的刺鲀。此刻，它们终于彻底泄了气，永不愤怒，静待身体化为尘土。

# 海错图笔记的笔记·刺鲀

◆ 刺鲀身上的每根刺，根部都有分叉，埋在皮肤下。

◆ 有的刺鲀刺不可动，始终直立；有的刺鲀刺可动，平时贴在身体上，受惊时身体膨胀，刺才立起来。

◆ 刺鲀在海里是就地吞水，把自己变成"水球"；被捞上来后，它就只能吞空气了。

◀▲ 《海错图》里的箭猪画像虽怪，但根据文字可以确定，就是中国中南部广布的豪猪

▶ 被冲上岸的刺鲀尸体，不能化为豪猪，只能化为尘土

# 海鳗、鲈鳗

## 【 三排利齿，潜龙在渊 】

◎　海边的市场经常挂满了一种巨大的鳗鱼。它是很多鱼类的噩梦，也给人类留下了深深的味蕾印记。

海鰻浙閩廣海中俱有口內之牙中央又起
一道身無鱗而上下有翅人畜死於海者多
穴於其腹海中有巨鰍無巨鰻鰻多在海岸
故漁人每得之海鰍多穴大洋海底日本外
國善取亦至大邊海漁人從無捕得者案
云鰻無鱗甲腹白而大背青色有雄無雌以
影漫體而生子故謂之鰻海鰻亦然海中
雜魚似鰻非鰻者甚多如鰻鰓紅鰻蟳虎等
魚大約皆因鰻涎而生者也本草鰻魚去風
日華子曰海鰻平有毒治皮膚惡瘡疳痔等
又名慈鰻鱺狗魚

海鰻贊

似鰍嘴長比鱔多翅
食者療風本草所識

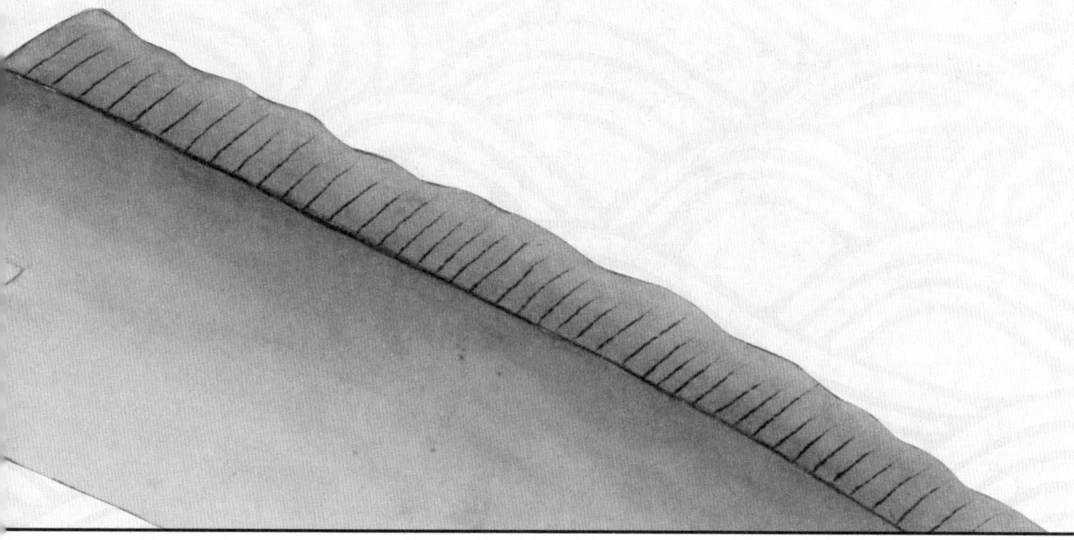

# 颠倒的一排牙

宣传《海错图笔记》第一册时，我接受了不少采访。好多媒体都问过我一个问题："如果穿越回康熙年间，和聂璜见面，你有什么想对他说的？"

我回答："我想跟他说，最好照着实物画，千万别凭感觉，这样我考证起来很麻烦！"

什么叫"凭感觉画"？拿这张"海鳗"图举例吧。这鱼好认，形似鳗，嘴裂大，有利齿，头尖长，再配上文字一看，显然就是海鳗科的海鳗，从古至今连名字都没变。

但有个细节吸引了我。聂璜说海鳗"口内之牙中央又起一道"，就是说口腔中央又长了一排牙，这排牙被他画在了下颌上。有意思哈，我之前在市场上见过不少海鳗，还真没注意过这个特征。赶紧找出拍过的海鳗照片，可惜都没拍到下颌的细节。

直到翻到一张在东京筑地市场拍的照片时，我才有了发现：照片中，一条海鳗的下颌断掉了，露出了上颌内部，看到了！一排牙清清楚楚地长在上颌的中央。我查了一下，这排牙是长在上牙膛的犁骨上的，所以叫"犁骨牙"，可以有效钩住猎物。

▲ 海鳗的上颌中央长有一排犁骨牙，下颌只有正常的左右两排牙

上颌有这排牙已经确认了，下颌呢？我翻遍手头的书，都写得不明不白。最后无奈，大半夜的在微信上询问鱼类学博士李昂。正好他没睡，跟我说："很多骨骼标本爱好者会收藏海鳗的头骨，网上有不少这样的图。"说着就给我发来了几张，瞬间解决了问题：下颌只有左右两排牙，中间没牙。

想想我也真是笨，鱼类的下颌骨是"V"形的，中间是空的，根本没骨头，牙长在哪？长在舌头上？简直搞笑。凭这点，就知道聂璜画得不合理。

所以，聂璜肯定是听说过或者见过海鳗上颌的那排牙，但画画时记错了，把它安在了下颌上。他记错了不要紧，把我折腾了一通。

▲　海鳗的外形和河鳗相似，但口裂更大

# 穴中蛟龙

海鳗和河鳗（做鳗鱼饭的那种，正名日本鳗鲡）是亲戚，区别在于海鳗个儿更大，能长到两米多，而且海鳗的嘴更长，牙更尖，像远古的沧龙。和它一比，河鳗简直就是一张小学生的乖乖脸。

海鳗一般不游进河里，都是在海里待着。但它也不往深里走，只在浅海。全身躲在礁石中或者藏进沙子里，露出脑袋，有时连脑袋都不露，只留一个小孔呼吸。据在厦门海边长大的《厦门晚报》前总编辑朱家麟老先生回忆，孩子们会在退大潮时，去浅水中找这些小孔踩住，海鳗憋得难受就会蠕动。他们用脚感受到海鳗的身体形状，摸索到鳗头，掐住鳃后软肉，就能整条拎出来。掐鳃很重要：掐了，鳗就会老实很多；不掐，它就要翻江倒海，再一扭头咬掉你的手指。

◀　2008年，浙江温岭渔民抓到了一条长1.8米的大海鳗。他拎起一条普通长度的海鳗与其对比

# .影 漫于鳢

聂璜写海鳗时，似乎有点儿没得聊，为了缓解尴尬，就闲扯了好多东西，反而更尴尬了。

比如他谈到海鳗生在近海时，竟然拿海鳅（鲸）作对比，说什么海鳗生在近岸，所以渔民经常抓到；而鲸鱼生在远海大洋，只有"日本外国善取"。海鳗和鲸有一毛钱关系吗？是一个层次的东西吗？为什么要强行扯在一起？凑字数？

他还嫌字数不够，又扯了扯"鳗"字的来历，说鳗"有雄无雌，以影漫鳢而生子，故谓之鳗"。这一句其实是古人对河鳗（日本鳗鲡）的猜测。河鳗的习性很奇怪，要游到遥远的马里亚纳群岛附近才会怀孕产卵，所以中国人从来没见过抱卵的河鳗，自然就以为它只有雄性，没有雌性。

古人就纳闷了：那河鳗怎么繁殖呢？这时他们观察到，常和河鳗生活在一起的鳢（黑鱼），鳍条上经常有红色线状生物寄生，好似鳗鱼的幼体，就自作主张地认为河鳗只要把自己的影子"漫（投射）"

▶ 《海错图》里还有一幅"鲈鳗"，说它身上有鲈鱼一样的斑点，肉质鲜嫩，适合宴客。今天，鲈鳗指的是国家二级保护动物花鳗鲡。聂璜看它身上有鲈斑，就猜它是鳗鱼"影漫于鲈"生出来的

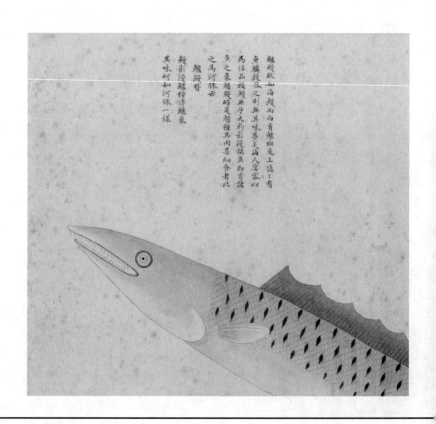

► 鲈鳗太长，常被分段售卖。身上的黑斑是它与日本鳗鲡的区别

▼ 厦门第八市场的人工养殖鲈鳗（花鳗鲡）。它比日本鳗鲡更粗更长，身上有斑驳的黑斑。我吃过一次，真的好吃，菜在桌子上转过一圈，就被抢光了

到鳢身上，幼鳗就会从鳢的鳍上生出来（"其子皆附鳢之鬐鬣而生"）。聂璜说，"鳗"字就是由"以影漫鳢"的"漫"字而来的。

其实那些线状物是"嗜子宫线虫"的雌虫，被它寄生了，就叫"红线虫病"，是鳢类的常见病，和河鳗没关系。"鳗"字从"漫"而来也很牵强。按造字规律，"鳗"应该从"曼"而来。曼者，长也。鳗即是"很长的鱼"之意，这样才合理。

可你聂璜画的是海鳗啊？写一堆河鳗的传说干吗？不要紧，他在最后加了4个字"海鳗亦然"，一下就全套到海鳗身上了。真够糊弄事儿的。我觉得他写海鳗的时候可能喝高了。

# 和 细骨作战

日本人管海鳗叫"hamo"，汉字写作"鱧"。乍一看，是不是受了中国"以影漫鳢"的影响？不过日本人是这样解释的：海鳗的牙齿锋利，善于"咬む"（kamu，意为"用上下牙齿将食物嚼碎"）和"食む"（hamu，意为"将食物咬下一口"），两种发音最后转化为"鱧"（hamo）。

以前交通不发达，海鱼在夏天运到日本京都时都死掉了，只有顽强的海鳗还活着，所以倍受京都人珍爱。京都人对时令食物有一种执念，到了什么季节，就要吃什么食物，到了夏天，就要吃海鳗。7月的重大节日"祇园祭"甚至有个别名"鱧祭"。此时，是开心地大吃海

鳗的时候。

但海鳗有个缺点：浑身都是细小的Y形骨刺，吃着扎嘴，防不胜防。日本厨师用一种"骨切り"（意为"断骨切，将骨头切断"）的技法来应对：每一寸肉切24刀，切的时候咔嚓作响，骨刺皆被切断，但断骨不断皮，直到24刀完毕，才彻底斩断，这为一段。

切好的海鳗段下锅一汆，马上卷成了一朵"白牡丹花"，名曰"chiri"或"otoshi"。配上梅子酱，就是传统的京都吃法。肉里的刺已经很碎，直接吃下去也没关系。

中国福建的做法稍微粗犷一点儿，先横切成大段，再纵切成条。倒是也斩断了些刺，但不太彻底，吃时还要小心。

闽南人痴迷一道菜——海鳗头炖当归，据说是"生猛第一汤"，主治头风（长时间头疼）。吃鳗头就治头风，可惜人类没尾巴，否则吃鳗尾可能也治尾巴风。

▲ "骨切り"法：每寸肉切24刀，断骨不断皮

# 新 风鳗鲞

海鳗在中国最著名的吃法要数鳗鲞（音xiǎng）了。浙江宁波、舟山、温州等地喜欢这样做。和日本人在夏天吃鳗不同，中国鳗鲞要在冬至制作。大鳗剖开，去内脏，用木棍撑起，挂在通风的地方一周。风够大的话，一两天就制作成功了。

好的鳗鲞是用干燥的北风吹干的，不是晒干的，这是重点。虽然冬至的阳光已经很温柔，但晒大发的话，鳗身会"走油"，产生一股桐油味，毁了。

春节前的那段日子，走进温州、宁波、上海的菜市场，就像走进了溶洞。洞顶垂下来的一根根"钟乳石"，是一条条鳗鲞。它们是年货的主力。浙江一带文人多，鳗鲞借着他们的笔，也出了名。

当年冬天做好的鳗鲞，叫"新风鳗鲞"。这个名字有魔力，如果叫"海鳗干"，那我绝对不会买，听着就又腥又硬。可"新风鳗鲞"却自带一股醇雅的香，脑中自然浮现出一个接近年关的下午时光，从一年的忙碌中沉静下来，哼着小曲，把鳗鲞蒸熟，撕成丝，蘸着酱油醋，下一壶酒，这一年才算是好好地过去了。

▶ 2015年，上海虹口区的这家菜市场开展了"代客风鳗"活动，客人指定一条鳗，摊主就把它做成鳗鲞。这家菜市场屋顶很高，通风而不晒，正适合做鲞

▼ 春节前的上海市场，挂满了新风鳗鲞

## 海错图笔记的笔记·海鳗

◆ 海鳗的上颌中央长有一排犁骨牙，下颌只有正常的左右两排牙。

◆ 海鳗一般不游进河里，都是在浅海里待着。

◆ 做鳗鱼饭时用的是河鳗，中文正名日本鳗鲡，跟海鳗是"亲戚"。不过海鳗的嘴更长、牙更尖。

# 鱽鱼、鲥鱼

lè　shí

## 【 腹下如刀，头顶有鹤 】

◎　鱽鱼是最平凡的海鲜，但它的脑袋里有不凡的秘密。

鱽魚贊

腹下有刀頭頂有鶴

有鶴難誇有刀難割

鰳魚考彙苑云腹下之骨如鋸可勒故名出與石首同時海人以氷鮝之謂之氷鮮字彙不解但曰鰳鮝閩粵志俱載按此魚腹下有利骨如刃頭上有骨為鶴身若翅若頸若足並有雜骨湊之儼然一鶴兒童多取此為戲其嘴昂其頷厚白甲如銀而背微青肉內多細骨凡鹹魚糜爛則難食獨鰳鮝糟醉以糜爛為妙然閩地煖甚腥不耐久藏温台次之杭紹又次之姑蘇有蝦子鰳鮝更美至江北則香而不腥味尤勝越歷南北而食此定能辨之

# 山寨版鲥鱼

《海错图》中，有两条鱼长得很像。一个是"长江三鲜"之一的鲥鱼，一个是鳓鱼。它俩的身形类似，大小相同，鱼鳞颜色相同（都是绿色勾边），鱼鳍颜色也相同（蓝色和黄色），而且，腹下都有一排锯齿。鳓鱼还因这锯齿得名。聂璜引《汇苑》云："（鳓鱼）腹下之骨如锯可勒（割、划），故名。"

虽然聂璜在配文中没有明说鳓和鲥的关系，但他的画做出了暗示。鳓和鲥同属于鲱形目，鲱形目的常见特征它们都具有：身体侧扁、浑身银光（鲜活时有绿色光泽，所以聂璜用绿色勾边）、没有侧线、鳞容易脱落、鳞下有脂肪、鱼刺多、腹下有锯齿状的棱鳞。

不少古人都觉得它俩长得像。《雅俗稽言》："鳓鱼似鲥而小。"戏剧家李渔说它俩连味道都像，"北海之鲜鳓，味并鲥鱼"。还有个说法叫"来鲥去鳓"，有人这么解释这4个字：传说鲥鱼游进淡水产卵，完事后瘪着肚子返海时，就变成了鳓鱼。还有一种解释是产卵前的鲥鱼最好吃，产卵后的鳓鱼最好吃。我感觉第二种说法更对，因为就算长得再像，鳓鱼那个地包天的嘴也和鲥鱼周正的嘴截然不同，被视为同一种鱼的肥胖阶段和消瘦阶段，眼神也太差了点儿。

▼ 《海错图》中的"鲥鱼"，配色、轮廓与鳓鱼十分相似

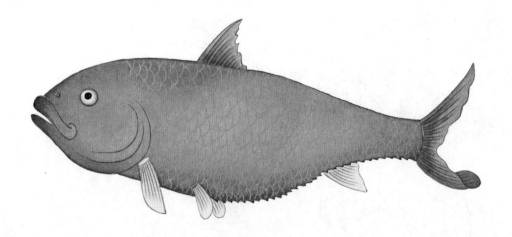

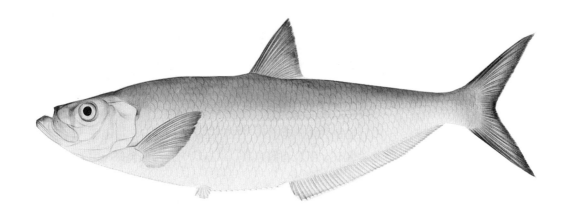

▲ 鲥鱼

　　烹饪鲥鱼时，最要紧的是不刮鳞，因为鳞下有脂肪，要靠它增香。鲥鱼鳞下也有脂肪，所以很多人也喜欢带鳞蒸。舟山渔谚："四月鲥鱼勿刨鳞。"

　　鲥鱼在明清时是皇室贡品，为了它，专门开设了劳民伤财的"鲥贡"。鲥鱼也是贡品。明万历《通州志》记载，明初，有个叫葛元六的"魁梧豪侠人"，要以百姓的身份送朱元璋100条鲥鱼。当时朱元璋正在反腐，大家都担心这种给皇上送礼的行为会受到惩罚。葛元六笑着说："你们有好鱼不给父母吃吗？皇上就像我的父母，怕什么。"朱元璋收到鱼，不但没生气，还很高兴，问他："鱼美何如（这鱼有多好吃）？"葛元六"蒲伏前顿首对曰：'鱼美，但臣未进，不敢尝耳。'"朱元璋被拍得美滋滋，当即赐酒食，还把一条鱼还给葛元六，说："劳汝，劳汝（慰劳你的）！"并且下令，通州每年都要进贡99条鲥鱼。

　　但这些故事并没有给鲥鱼提升档次，鲥鱼已贵为"长江三鲜"，鲥鱼却一直是百姓眼中的寻常菜鱼。不过，菜鱼有菜鱼的幸福。鲥鱼洄游时要上溯到很深的内地，一路遭受滥捕、污染和大坝阻挡，已经功能性灭绝了。而鲥鱼只需洄游到河口，不必深入危险的人类领地，得以保全至今，大隐于市。

## 包金

《海错图》说鳓鱼"出与石首同时"，石首鱼就是大黄鱼。大黄鱼是春天洄游到近岸的，渔民叫它"春来"，听着像个中国小伙儿。鳓鱼到来时也是春天，并且正赶上紫藤花开，所以别名"藤香"，听着像个日本小妞儿。

鳓鱼的鱼汛期挺长，在浙江从农历四月一直延续到六月，五月中旬为最旺。浙江渔民有谚："五月十三鳓鱼会，日里勿会夜里会，今日勿会明朝会。"

在春天，鳓鱼和大黄鱼往往同时出现。大黄鱼形成金黄色的大群，鳓鱼在外面围成银白色的镶边，渔民管这叫"银包金"。《异鱼图赞补》描述鳓鱼鱼汛："渔人设网候之，听水中有声，则鱼至矣。"科学上并没有鳓鱼擅长发声的记载，但大黄鱼能用鱼鳔发出"咯咯咯"的声音，所以我怀疑渔人听到的声音，是大黄鱼发出的。大黄鱼一来，鳓鱼也就来了。

不过，野生大黄鱼现在被捞得只剩凤毛麟角，只能零星出现，根本形不成鱼群了。我们也无法得知"银包金"的景象到底是什么样子。

## 鲞的代言人

剖开后晾干腌制的鱼，称为"鲞"。台州渔民有个俚语词"晒鲞"，指揭发对方的丑事，因为这就像把人剖开，摊在光天化日下一样。

海鳗做的鲞，叫鳗鲞。大黄鱼做的，叫黄鱼鲞。唯有鳓鱼做的，可以直接叫"鲞"。鳓鱼鲞最常见、最受欢迎，所以成了鲞的代言人。

众鲞之中，聂璜独尊鳓鲞。他说："凡咸鱼糜烂则难食，独鳓鲞糟醉，以糜烂为妙。"这说的是把鳓鲞用酒糟处理后的"糟鳓鱼"，既有咸味下饭，又有酒香扑鼻。他给鳓鲞也分了三六九等："闽地暖甚，（鳓鲞）腥不耐久藏。温、台次之，杭、绍又次之。姑苏有虾子鳓鲞，更美。至江北则香而不腥，味尤胜。越历南北而食此，定能辨之。"看来聂璜走南闯北，鳓鲞常伴其碗箸之间。

鳓鱼只腌一次，叫"单鲍鳓鱼"，这个名字很有古意，因为鲍在古代指咸鱼。单鲍鳓鱼咸味适中。如果再抹盐腌一次，就是"双鲍鳓鱼"，更咸。最高境界是"三鲍鳓鱼"，鱼已经咸出风格，咸出水平，而且微带臭味。如果直接吃，就是宁波人所说的"压饭榔头"，一小块能吃下几大口白饭。想缓和一点儿，就把鲞斩块，摆在肉馅上，打个生鸡蛋，上锅蒸熟。若做此菜，饭请多蒸两碗。

至于被聂璜评价为"更美"的虾子鳓鲞，是苏州的名吃。《随园食单》记载过做法："夏日选白净带子鳓鲞，放水中一日，泡去盐味，太阳晒干，入锅油煎，一面黄取起，以一面未黄者铺上虾子，放盘中，加白糖蒸之，以一炷香为度。三伏日食之绝妙。"泡去咸味的

▼ 把鱼摊开晾干，称"晒鲞"。浙江台州渔民用"晒鲞"指代人的隐私被暴露揭发出来

▲　我在宁波饭馆拍到的"鳓鲞蒸肉饼"半成品

鲞，味道已然柔和。与焦糖色的河虾子一并入口，你想想吧。

　　鳓鱼做成鲞，还有一个好处，就是刺会变软。若是鲜食，那刺可是防不胜防。聂璜说鳓鱼"肉内多细骨"。作为天生刺多的鲱科鱼，鳓鱼令无数食客仰天长叹："既生鳓，何生刺！"清人郭柏苍在《海错百一录》中载有一事："莆田林氏，以其祖先鲠死，岁取鱯（音lǐ，古同"鳢"）数尾，陈于神前，木棍捣醢（音hǎi）之。"就是说福建莆田有家姓林的，祖先吃鳓鱼卡鱼刺而死，后人每年都会把几条鳓鱼放在祖宗牌位前，当场捣成酱，给祖宗出气。一家子跟鳓鱼结了世仇，搁今天得算行为艺术。

# 鱼鹤变化

《海错图》有关鳓鱼的文字中，我最感兴趣的是这两句："此鱼……头上有骨，为鹤身，若翅、若颈、若足，并有杂骨凑之，俨然一鹤。儿童多取此为戏。"

鱼的头骨由很多细碎小骨组成，拼出些图案不难，但我倒要看看它能"俨然一鹤"到什么程度。上网找了半天，还真找到几张网友拼出的鱼骨鹤。让我惊讶的是，这鹤极其逼真，该有的地方都有，完全不是牵强附会的！

搜集到制作手法后，我一直想亲手做一个，但怕自己手笨，拖延了一年多，未敢动手。后来灵机一动，为何不找能人代劳呢？我联系到一位擅做鱼骨标本的自然爱好者——王聿凡，向他说明我的想法，并发给他制作流程。没多久，他就传来一套精美的照片，不仅把制鹤的整个流程记录得清清楚楚，连鹤的每块骨头在解剖学上叫什么名字

▼ 王聿凡制作的鳓鹤，如今摆在我的书房里

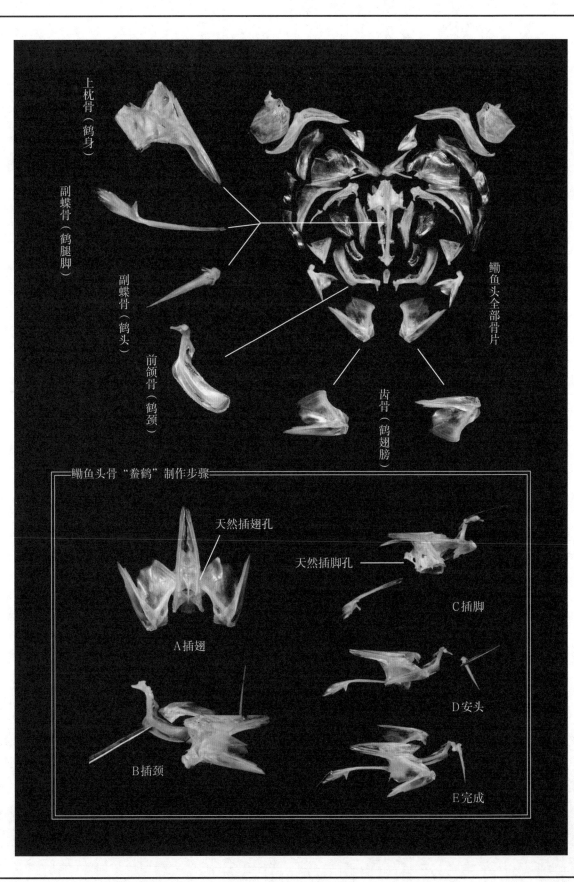

上枕骨（鹤身）

副蝶骨（鹤腿脚）

副蝶骨（鹤头）

前颌骨（鹤颈）

鳂鱼头全部骨片

齿骨（鹤翅膀）

鳂鱼头骨"鳌鹤"制作步骤

天然插翅孔

天然插脚孔

A 插翅

C 插脚

B 插颈

D 安头

E 完成

都标出来了！最妙的是，他还把这只鹤拆成几个零件，完好无损地寄给了我。我重新装配时发现，"鹤身"上竟有几个天然的孔洞，位置正好供鹤翅、鹤腿、鹤颈插入。不过我拿到手的鱼骨已干燥，插入后还要用胶来固定。据说趁鱼骨尚软时制作，就能不用胶水，直接拼插而成。

这种玩具一度十分流行，还有一专用名词"鲞鹤"。饭桌上随手拼之，既能哄孩童一笑，又颇具文人雅兴。清代谜语书《师竹斋谜稿》里就有一条谜语：

"本是潜鳞，无端儿变作飞禽，虽不免受人剥削，脂膏尽，只他这瘦骨嶙峋，也自具飞舞精神。"

谜底当然是"鲞鹤"。

还有很多文人写过鲞鹤诗词。点评《三国》的名家毛宗岗就写过《西江月·咏鲞鹤》，但我更喜欢清初诗人尤侗的《西江月·鲞鹤》：

闻说枯鱼欲泣，何为化鹤来归。霓裳玉佩自清辉，入肆终惭形秽。

北海已成速柘（音zhè），南山几见高飞。鲲鹏变化是耶非？小作逍遥游戏。

鲲变成鹏，是巨鱼化为巨鸟。鰳变成鹤，就是微缩版的鲲鹏变化。生前鳞光闪闪"自清辉"的鰳，被三鲍之后，成为丑陋干尸，按理说是死不瞑目的。唯有借食客之手化为鲞鹤，方能驾鹤西归，聊慰在天之灵。

## 海错图笔记的笔记·鰳鱼

◆ 鲱形目的常见特征有：身体侧扁、浑身银光（鲜活时有绿色光泽）、没有侧线、鳞容易脱落、鳞下有脂肪、鱼刺多、腹下有锯齿状的棱鳞。

◆ 鰳鱼的鱼汛期较长，在浙江从农历四月一直延续到六月，五月中旬为最旺。

◆ 鰳鱼的头骨由很多细碎的小骨组成，小骨上有天然的孔洞，按一定方式拼插，可以拼成"鲞鹤"。

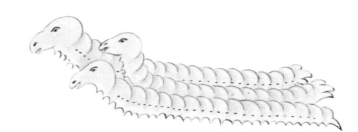

第三章

虫
部

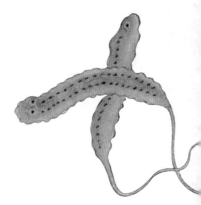

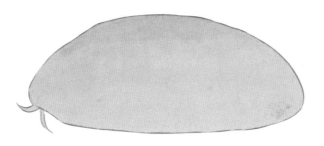

# 龙虱

## 【 龙鳞生虱，陨落田野 】

◎　龙虱是常见的水生昆虫，但它为什么叫这个名字，很少有人提到。还好，《海错图》里有记载。

龍虱赞

霧鬖雲燕

龍鱗生虱

風伯雨師

空中探出

謝若愚曰龍蝨鴨食之則不卵故能化痰按龍蝨狀如

蜣螂赭黑色六足兩翅而有鬚本海濱飛虫也海人乾

而貨之美其名曰龍蝨豈真龍骸之蝨哉食者撚去其

殼翼啖其肉味同炙蠶不耐久藏或曰此物遇風雷霖

雨則墮於田間故曰龍蝨

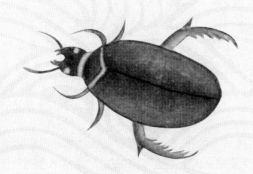

# 龙 身上的虱子？

这大概是《海错图》里讲述的唯一一种昆虫了。文字中的"六足两翅而有须"和画中的两个甲虫告诉我们，它是昆虫纲鞘翅目的成员。

按现在昆虫学的命名法，甲虫应该叫"某某甲"才对。可这种虫为什么叫"龙虱"呢？不管是外表还是生活习性，这种甲虫和龙、虱子都没有任何相似的地方。

还好，《海错图》记载了一个宝贵的说法："此物遇风雷霖雨，则堕于田间，故曰龙虱。"原来古人认为，龙能兴风致雨，雨后田里又会出现很多这种甲虫，所以认为它是龙身上掉下来的虱子。

▲ 在水下，龙虱的体表会泛出绿色的光泽

# 贪 食小潜艇

其实，龙虱在雨后不是从天上"堕"下来的，而是从水里飞出来的。它是水生昆虫，几乎完全在水下生活。而昆虫爱好者都知道，雨后的闷热夜晚是昆虫活动的高峰，龙虱也不例外。它会钻出水面飞来飞去。

虽然是水生昆虫，但它也需要呼吸空气。守在一个池塘边，你就可能看到龙虱换气的样子：急匆匆地从水下游上来，到水面一个转身，把屁股尖伸出水面，微微张开鞘翅，让新鲜空气进入鞘翅和腹部之间的空间，然后合上鞘翅，再游回水下。

这样，鞘翅下就藏了一个气泡，等于背了一个氧气瓶。当气泡里的氧气变少时，水中的溶氧还会自动渗透进去，所以一个气泡能呼吸好久。

有了这个泡，龙虱就能在水下捕食了。它缩起前4只足，只用两只粗壮的后足一下一下地划水，好似一艘赛艇。尤其是大型种类的龙虱，划水时坚定而缓慢，气度雍容。

据记载，龙虱非常凶狠，捕食一切能抓到的东西，比如鱼虾、田螺和其他水生昆虫。但是就我和朋友的饲养经验来看，还从没见过它抓活鱼、活虾。相反，它笨拙的动作只能抓住死物，而且还得让它的短触角碰到，才能闻见，否则就像睁眼瞎一样，擦身而过也发现不了食物。因此，可以放心地把它和鱼养在一起。但鱼缸里不能有水草，因为它会把草叶啃得乱七八糟。

这战斗力为零的形象令我十分疑惑。之前一直听说它会捕捉鱼苗，是鱼塘一害啊？直到现在我也不明白是饲养问题、种类问题还是记载有误。但可以确定的是，它很能吃。只要送到嘴边的食物，都会开心地抱着吃起来。

▲ 一种小型龙虱。尾部露出的半个气泡就是它携带的"氧气瓶"

## 哪 种龙虱？

龙虱只生活在淡水里，在海边的河流、池塘里挺多。所以虽然不是海洋生物，但是《海错图》也把它作为"海滨飞虫"收录了。在动物分类学上，龙虱是一个科，种类繁多。那么，《海错图》画的究竟是哪一种龙虱呢？有学者鉴定其为"黄边大龙虱"（又名日本真龙虱，Cybister japonicas）。我不太理解这是怎么鉴定出来的。日本真龙虱的一大特点就是身体两侧各有一条鲜艳的黄边，但画中的龙虱并没有这个特征，文字描述也只写"（身体）赭黑色"。画里这两只龙虱，一个背面，一个腹面，体段和6只足的位置都特别准确，明显是

▲ 水龟虫也叫牙甲，体形硕大，经常被当作龙虱端上餐桌

照着实物画的，画得这么细都没画出黄边，说明实物可能真的没有黄边。所以鉴定成日本真龙虱就不合适了。

文字中还有两条线索："状如蜣螂"和"海人……啖其肉"。这说明它应该不是小型种类的龙虱。小型龙虱只有指甲盖那么大，且花纹复杂，不像蜣螂，人们也不吃它。被人当作食物的都是大型种。中国的大型龙虱，基本都是真龙虱属的。这个属中的瘤翅真龙虱、黑绿真龙虱没有黄边，和《海错图》中记录的特征比较符合。

但是光抠书本不够，还得联系实际。至今，生活在华南一些地方的人还喜欢吃龙虱。餐桌上的龙虱有两类。一类带黄边，另一类不带黄边。带黄边的龙虱就是真正的龙虱，不带黄边的是另一类水生甲虫——水龟虫（牙甲）。它虽不是龙虱，却因长得相似，也被当作龙虱售卖。而且它的野生数量比龙虱多，所以更常见，在市面上更便宜。聂璜买到它作为写生材料的可能性也就更大。

所以，《海错图》里的这两只"龙虱"，很有可能不是龙虱，而是水龟虫。

## 和味龙虱

不管是龙虱还是水龟虫，做成菜的方法都差不多。最著名的做法是"和味龙虱"。"和味"不是日本风味，而是粤语"好味道、味道合适"的意思。先用热水汆烫，让虫排清肚肠，再用爆炒、腌制等做法，就能上桌了。吃时记得像《海错图》中所说："捻去其壳翼。"然后捏住头一拽，把内脏拽出，剩下的都可以吃，嘎吱嘎吱的，下酒解闷儿。

老百姓管水龟虫叫"公龙虱"，管真龙虱叫"母龙虱"，说母的比公的好吃。这也对，水龟虫确实没龙虱肉多。

中国人总喜欢给食物找出点儿疗效，龙虱也未能幸免。《海错图》里提到："龙虱，鸭食之则不卵，故能化痰。"先不说鸭子吃了龙虱是否真的不会下蛋，就算真不下蛋，推导出"鸭子吃了龙虱不下蛋，那么蛋一定是被龙虱弄化了，所以人吃了龙虱一定也能把痰弄化，所以吃龙虱能化痰"这个逻辑链也是让人佩服。今人则更多地说龙虱滋阴补肾。这听着就正常多了，毕竟在我国，只要是食物，基本都滋阴补肾。

## 海错图笔记的笔记·龙虱

◆ 龙虱是一类水生昆虫，只栖息在淡水环境里，几乎完全在水下生活。

◆ 龙虱在换气时，会把屁股尖伸出水面，微微张开鞘翅，让空气进入鞘翅和腹部之间的空间，再合上鞘翅，这样鞘翅下就藏了一个气泡，使其能在水下停留较长时间。

▼ 我饲养的日本真龙虱。体侧有黄边是它的特征之一

# 土鳖

【 后背长眼，改斜归正 】

◎ 土鳖，没有比这更土的名字了。但这掩盖不了它的神奇：不仅后背长满了眼睛，还是从大海登上陆地的伟大尝试者。

土鱉背微突體圓長而綠色黑點畧如荷錢
前有兩鬚口在其下腹白如鱉裙吸粘海巖
上海人取而食之鮮入市賣不在人耳目也

土鱉贊

青錢選中色侔蒼茵
小小土鱉亦海守神

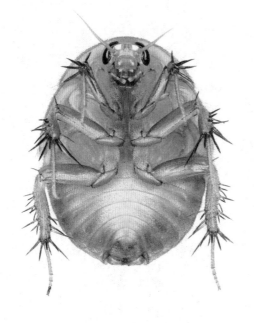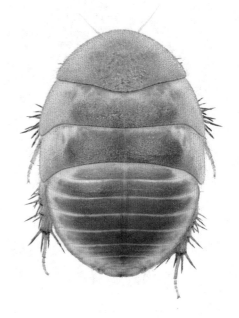

▲ 北京话里的"土鳖"指的是蟑螂的亲戚——地鳖。《海错图》里的土鳖肯定不是它

# .海边的土鳖

　　在北京话里，"土鳖"指的是蜚蠊目、地鳖科的昆虫，就像一个大号的蟑螂。但《海错图》里的这个土鳖显然是另一种动物。

　　看看文字描述："腹白如鳖裙，吸粘海岩上。"这就更不是地鳖了。地鳖的腹部没有黏性。听上去更像是腹足纲动物（蜗牛、海螺）的腹足。再看："背微突，体圆长而绿色，黑点略如荷钱，前有两须，口在其下。""荷钱"就是幼嫩的、星星点点浮在水上的小荷叶。配图里也画得很清楚：这动物的后背上有很多小黑点。配合椭圆的身体、两根短短的"须"，应该就是它了——石鳖。

# 三 环套月的麻子

虽然听着像一种矿物，但石磺确实是动物。它属于腹足纲，真肺目，缩眼亚目，石磺总科，是蜗牛和蛞蝓的亲戚。所谓"两须"，就是它的触角。它每根触角的顶端各有一只眼睛。

至于后背的黑点，则是各种疙瘩。看着它，让人想起一句形容麻子脸的话："大麻子套着小麻子，小麻子套着小小麻子，小小麻子里有一坑儿，坑儿里还有一小黑点！三环套月的麻子！"你看，每个疙瘩的顶端真的有几个黑点。这些黑点，其实都是眼睛！

在它的后背正中央有一个最大的疙瘩，上面的黑点叫"背眼"，其他小疙瘩上的黑点叫"瘤眼"。黑点是晶体细胞，可以感知光线强弱。如果突然用强光照射，背眼会马上缩回去，证明它的感光能力相当强。有了这些小眼，石磺就能判断今天的天气是否宜出行。

▼ 在厦门拍到的石磺。可以看到后背正中的背眼，周围的瘤眼，以及它们尖端的小眼

# 海到陆？从陆到海？

中国有六七种石磺，都生活在海滨潮间带，就是退潮时露出来、涨潮时又淹没的那个地带。为什么非在这种模棱两可的地方，而不是纯陆生或纯海生？

学界有两种说法。一个是，石磺祖先本是陆生，现在正在侵入大海。第二个说法相反，石磺本是海生，现正侵入陆地。

华东沿海有4种石磺。它们就展现了一种过渡状态：紫色疣石磺在低潮区，大部分时间都泡在海里，有树枝状鳃，可以在水下长时间生活；平疣桑椹石磺和里氏拟石磺没有鳃，用皮肤和呼吸孔呼吸，生活在中间地带；瘤背石磺生活在高潮区，最适应陆地环境，被水淹久了会憋死，因为它主要用呼吸孔直接呼吸空气。那么，它们的演化地位到底谁先谁后呢？

我觉得还得从石磺的幼体看。动物的幼体往往会展现出一些祖先的特征。石磺会经历一个"面盘幼虫"期。此时它长着一对"面盘"，用来游泳。这是海生贝类才有的一个阶段，而石磺的亲戚——其他陆生肺螺类并没有这个阶段。这应该可以证明，石磺的进化路线应该是从海到陆，而不是从陆到海。

◀ 这是台湾"中央研究院"生物多样性研究中心黄世彬老师拍摄的石磺。被放进水族缸里的石磺，洗净了身上的泥土，露出了本来模样

▲ 在网上买来的石磺干泡发后的样子。左为腹面，右为背面，能鉴定出它是瘤背石磺

# .脱 去螺壳，肛门归位

　　石磺的幼体还有一个特点——有螺壳！但长大后就脱落了。这证明它的祖先是有壳的，但演化中抛弃了壳。大概它的生活环境里，没壳比有壳更有利。放弃螺壳后，它的身体还发生了一个"改斜归正"的变化。

　　想当初，腹足纲祖先的体态是很正常的。身体前端是头，后端是肛门，背上是个碗状的壳。后来为了容纳更多身体、减少水流阻力，壳变成了螺旋状，内脏也一起发生了扭转，肛门活生生改为冲前开口了，每次屁屁都拉在后脑勺旁边，你想想多别扭吧。石磺把螺壳抛弃之后，身体重新正了回来，肛门又回到身体末端，开口冲后了，卫生了不少，可喜可贺。

# 鳖、龟、鸡和海参

现在似乎没人管石磺叫"土鳖"了，但有"泥龟"一名存世，也许是土鳖的变体。其实还是称其为鳖更合适，因为它的腹足宽大柔软，"如鳖裙"。既以鳖裙形容，想必味道不错？嗯，从它的其他俗名"土鸡""土海参"来看，确是被当作美味的。

渔民会来到长满芦苇和大米草的滩涂上，捡拾泥上爬行的石磺。开水烫烫，剥掉疙里疙瘩的表皮，挖去内脏，晒成干，煲汤时放几个。也可以趁新鲜切成丝炒着吃。是江苏盐城、上海崇明岛、浙江温州和福建宁德的小众美食。

虽然小众到当地人都不见得知道，可石磺竟也被环境污染、滩涂破坏、人为捕捞等悄无声息地搞得数量大减，需要科研人员人工繁殖放流了。本来少有人研究石磺，现在突然搞人工繁殖，只能硬着头皮试。看着他们论文里记录的一次次失败和取得成果后难掩的喜悦，我的心情也跟着起起伏伏。

▼ 这也是黄世彬老师拍摄到的有趣画面：不慎翻身后，由于没有碍事的壳，石磺可以很快翻过来

# 实验室里的石磺

后来无意中，我碰到了这位学者的一名女学生。她说，她的工作是给石磺分类，分类依据是齿舌上的齿数。齿舌在石磺嘴里，上面有密密麻麻的小齿，用来刮食藻类。于是这位姑娘就天天在显微镜下，数齿舌上的齿。听着眼睛都疼。

石磺是雌雄同体，异体受精，交配时可以同时担任雌性和雄性。于是在野外，常能看到石磺连成一串交配，把精子递给前面一只，同时接受后一只的精子，既当爹又当妈。但是队尾的石磺只能当爹，因为它后面没有石磺了。那么，队首会不会和队尾连上，成为一个闭合的环？这样，每一个成员不就都可以当爹又当妈，达到生命的大和谐了吗？

这位姑娘告诉我，在野外，天高海阔，石磺很难成环，但是实验室里就不一样了。他们实验室每人养一箱石磺。箱内空间狭小，队首很容易碰上队尾，成环很容易。

于是，实验室每年的一大赛事，就是在石磺的交配季节，大家把箱子摆好，一声令下掀开盖子，看谁的石磺环最大。"最高纪录是我师兄的箱子，一个环里有15只石磺。"她说。

▲ 被放进水族缸里的石磺

## 海错图笔记的笔记 · 石磺

◆ 石磺属于腹足纲、真肺目、缩眼亚目、石磺总科，是蜗牛和蛞蝓的亲戚。其后背有很多小黑点——黑点是晶体细胞，可以感知光线强弱。

◆ 石磺是雌雄同体，异体受精，交配时可以同时担任雌性和雄性。

◆ 石磺的嘴里有齿舌，齿舌上有密密麻麻的小齿，用来刮食藻类。

# 海粉虫、毬鱼
<sub>qiú</sub>

## 【 吃的是苔，挤的是粉 】

◎ "海粉"是一种颇为小众的食物。传说它是由海里的一种虫子"拉"出来的物质。听上去好诡异。而由它的渊源又能牵扯出另一种神秘的"毬鱼"。

鳞能令蜈蚣裹足不前亦一异也

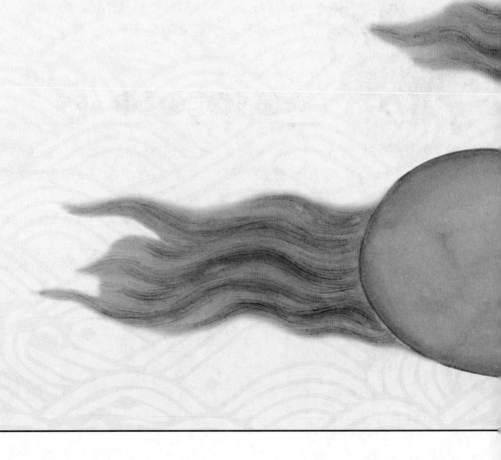

海粉虫産閩中海塗形圓徑
二三寸背高突黑灰色腹下
淡紅色如鱉裙一片好食海
濱青苔而所遺出者即為海
粉閩人云此虫食苔過多常
從其背裂迸出粉海人乘時
收之則色綠逾日則色黃丑
於綠色者矣味清性寒止堪
作酒筵色料裝點嚼如豆
粉而脆或云能消痰考本草
不載海粉虫廣東稱海珠
海苔本草與紫菜海藻並載
云療瘰癧結氣功同今醫家
止知海藻而已海苔浙閩海
塗冬春為盛吾浙寧台溫之

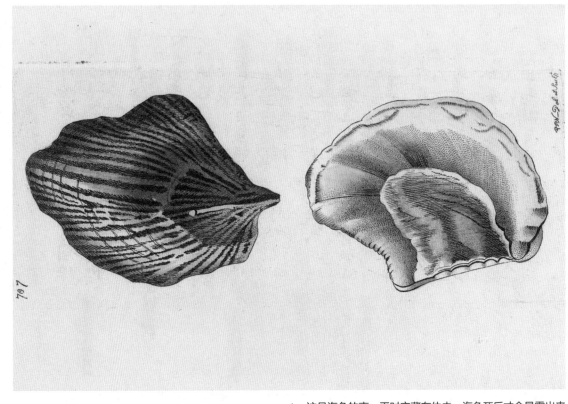

▲ 这是海兔的壳。平时它藏在体内，海兔死后才会显露出来

# 吃 海苔，拉粉丝？

"海粉虫，产在福建中部的海边滩涂中。它爱吃海滨的海苔，再拉出来一种叫'海粉'的东西。福建人说，这种虫吃苔过多的话，后背就会撑裂，迸出很多海粉。渔民把海粉收集起来食用，第一天是绿色，第二天就变成黄色，不如绿色的好吃了。"聂璜这样描述它。他画的图也十分形象：图中是两条软飞碟状的海粉虫，上面为侧视图，下面为俯视图；它们一边吃着左边的海苔，一边拉出右边的海粉。聂璜认为，海粉是海粉虫的排泄物，正如蚕沙是蚕的粪便一样，所以他写了一首《海粉虫赞》：

以虫食苔，取粉弃虫。

比之蚕沙，取用正同。

# 海中丑兔，壳藏肉中

今天，我们依然可以在沿海地区或互联网上买到"海粉"的干制品——一团纠缠在一起的面条状物质。如果到海边走走，就能在礁石上看到新鲜的海粉。运气好的话，还能看到旁边趴着一个奇怪的东西，长得和《海错图》中所画之物相似。对，就是海粉虫。它的正式名称叫"海兔"，海粉不是它的排泄物，而是它的卵群带。

海兔属于海蛞蝓（蜗牛、海螺的亲戚）家族的一支——海兔科。不少海蛞蝓精致鲜艳，常常萌倒一群人，但海兔却相当"暗黑"。它有着土黄色或灰黑色的肥胖身体，腹足从身体两侧翻卷到背上，形成"侧足"，就像甲鱼的裙边一样。《海错图》中的"背高突"说的就是它的侧足。海兔的头上有两个兔耳状的触角，可完全没有兔子的可爱模样，就是一摊形状不明的黏糊物体。

海兔的祖先和海螺一样，是有壳的。但现在，海兔的壳退化成了一个薄薄的小片，平时被埋在肉里看不到，只有等海兔死去身体萎缩后，这个指甲盖大的壳才现于其后背。

▼ 海兔的侧足立在背上，
所以聂璜说它"背高突"

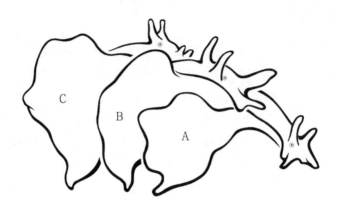

▼ 3只海兔交配示意图。A担任雌性，B兼任雄性和雌性，C担任雄性

# 能 雌能雄，卵从背出

　　海兔的日常生活，就是全身心地投入到吃各种海藻中，甚至吃到身体都变成海藻的颜色。有时大海退潮了，它还不舍得离开，最后被晒死在礁石上，蠢得令人心碎。

　　吃饱了就要交配了。海兔是雌雄同体的动物，但自己没法和自己交配，必须找另外一只海兔帮忙。我们常能在海边看到"连环大交配"的盛况：六七只海兔首尾相连，像小火车一样，最前面的一只充当雌性，最后的一只充当雄性，中间的则既当雄性又当雌性（把自己的精子给前一只海兔，同时接受后一只海兔的精子）。交配之后，除了最后一只，其余的海兔全都怀孕了。大家纷纷散开，各当各妈去。

　　然后就是产卵，也就是"海粉"了。《海错图》中称，海粉是"从后背的裂缝进出"的。这不是瞎说。海兔的生殖孔就在它的后背，卵自然就从这儿排出。上百万颗微小的卵，被裹在一根长长的细带子里，组成"卵群带"。不同种类的海兔，甚至同一只海兔吃的藻类不同，都会导致卵群带的颜色不同。所以《海错图》说海粉"第一天绿色，第二天变黄"是不全面的。反而是后来乾隆年间的《本草纲目拾遗》写得更准确："海粉随海菜之色而成，或晒晾不得法则黄。"

# 睡觉缩球，受惊喷雾

《海错图》中还收录了一种"毬鱼"，是一名广东人为聂璜描述的。它"形如蹴鞠（注：足球）而无鳞翅，纹如丝。"这描述过于简单，实在鉴定不了。不过，海中确有类似的生物，它也是一种海兔——杂斑海兔。它本是普通的海兔模样，但白天喜欢卷成一个完美的球睡觉，而且总是好多只聚在一起睡。每只杂斑海兔的花纹都不同，看上去就像海里有一堆花色斑驳的乒乓球。这种球形睡姿是一种自我保护。睡醒后，它就展开软趴趴的身体，在海底爬行起来。毬鱼是不是它的原型呢？不好说，至少有这个可能吧。

除了团成球，有些种类的海兔还会放烟幕弹。如果用手戳它，它就会愤怒地挤出一股紫色的液体，把周围的海水全染得变了色，看着就像蓝莓汁或葡萄酒。不过可不能尝，这液体是有毒的！

▲ 《海错图》中的"毬鱼"

◀ 杂斑海兔睡觉时会缩成球形

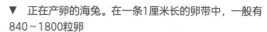

▼ 正在产卵的海兔。在一条1厘米长的卵带中，一般有840～1800粒卵

# 海兔可养，海粉可烹

兔子可以养，海兔也可以养。在清代就有人开始养海兔了。当时的办法是，冬天采集海兔幼体，养在家中，春天把它们放入潮间带的"海田"中，遍插竹竿，海兔就会把卵群带产在竹竿上，收集起来很方便。现在，福建人依然用类似的办法来养殖"蓝斑背肛海兔"，只是方法更科学，"海粉"产量更高。

海粉怎么吃呢？有甜、咸两种吃法。先把干制品泡发，再多次冲洗，因为里面有很多沙子。喜甜者，加冰糖煮熟，做成清凉的甜品。喜咸者，和鸡肉、排骨一起煮汤，能吸收汤汁的美味，激发自身的鲜味。也可以试试《海错图》中介绍的方法：当作筵席上的"色料装点"，为看不为吃。那么海粉好不好吃呢？聂璜说："咀嚼如豆粉而脆。"我从互联网上买了点儿，做了个"海粉排骨汤"。一尝，像有点儿韧的粉丝，满口都是腥鲜味，舌头回到了大海。

▲ 把买来的干海粉泡发后，我做了一碗海粉排骨汤

◀ 一只黑色的海兔释放出酒红色的液体自卫

## 海错图笔记的笔记 · 海兔

◆ 海兔属于海蛞蝓（蜗牛、海螺的亲戚）家族的一支——海兔科，有着土黄色或灰黑色的肥胖身体，腹足从身体两侧翻卷到背上，形成"侧足"。

◆ 海兔喜食各种海藻，甚至吃到身体变成海藻的颜色。

◆ 海兔是雌雄同体的动物，交配时会出现"连环大交配"的盛况。产卵时，上百万颗微小的卵被裹在一根长长的细带子里，组成"卵群带"。

◆ 有些海兔在愤怒时会挤出一股紫色的液体，把周围的海水染变色，而且这液体是有毒的。

# 泥钉

## 【泥中肉钉，可口为名】

◎ “酸醋芥末芫荽香，鸡鸭鱼肉我都无稀罕，特别爱咱家乡土笋冻，哇，哇，想做土笋冻。”这首闽南歌曲中的小吃“土笋冻”和笋没有关系，而是由一种奇怪的虫子制成的。《海错图》中，这种虫子叫作“泥钉”。

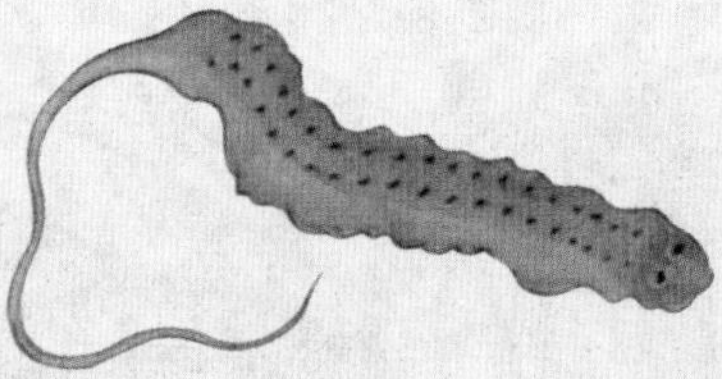

泥釘贊
蠣盤餝檽
魚鱗作蓮
釘以泥釘
成水晶宮

泥鉤如蚓一段而有尾海人冬月掘

海塗取之洗去泥復搗敲净白僅存

其皮寸切炒食甚脆美臘月細刴和

猪肉熬凍最清美而性冷

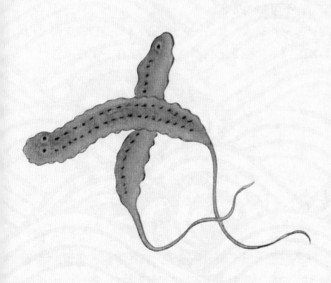

## 幅颠倒的画

《海错图》里说："泥钉，如蚓一段而有尾。"这句话下面就是3条"泥钉"的肖像：肉虫子一样的身体，尾部突然变细，和细尾相对的一端有两个黑眼睛，表示这端是头部。

单看这张图，很容易联想到一种著名的虫子——大尾（音yǐ）巴蛆。

北京人有时会说："您别装大尾巴蛆了。"意思是"您别装蒜了"。比起来，大尾巴蛆听上去更有杀伤力，但现在的口语使用率却远远低于"装蒜"。原因也许在于，今天生活中很难看到大尾巴蛆，大家对它已经陌生了。

常见的蛆是苍蝇的幼虫，别说大尾巴，小尾巴都没有。所谓大尾巴蛆，其实是一个特殊类群——管蚜蝇族下某些种类的幼虫。它的身体末端有一条细长的尾巴。昆虫学上，特指这样的幼虫为"鼠尾蛆"。大尾巴的作用是呼吸管，当它全身心投入污水里觅食时，尾巴会伸出来呼吸空气。以前它在农村旱厕里常见，现在卫生改善，少见了。

但鼠尾蛆只生活在淡水里，《海错图》却说"泥钉"生活在海边的滩涂中，还说海边人会在冬天把它从泥里挖出来，"洗去泥，复捣敲净白，仅存其皮，寸切炒食，甚脆美"。就凭鼠尾蛆那层膜一样的薄皮，一捣就烂了，不可能炒着吃。

所以泥钉的真身另有其人。那细细的尾巴，其实是它的头部，粗的那端反而是尾部，《海错图》把它画倒了，还自作主张在尾部点上了眼睛。

▼ 长尾管蚜蝇（左）和它的幼虫（右）。幼虫尾部有呼吸管，百姓口中的"大尾巴蛆"指的就是它

## 能说的美食

写到这儿，很多广西人应该知道是啥了。这名字，这样子，这吃法，就是经常煲粥、炒菜、蒸蛋、做汤吃的泥钉嘛。这是一种环节动物门的虫子，广西人至今仍叫它泥钉。1958年，两位中国科学家将它定名为"可口革囊星虫"。这二老起名时估计流着哈喇子呢。

▲ 厦门街边的土笋冻

不过之后很多学者认为，这种星虫和之前命名过的"弓形革囊星虫"是同一种。按照命名法则，以先起的名字为准。所以，虽然"可口革囊星虫"好记，但我们还是叫它弓形革囊星虫吧。

除了"寸切炒食"，《海错图》还介绍了一种吃法："细剁，和猪肉熬冻，最清美。"这基本就是弓形革囊星虫在福建最著名的做法"土笋冻"了。在泉州安海或厦门街边的一些玻璃柜子里面，码着一块块亮晶晶的物体，很像肉皮冻，里面"冻"着的就是一根根星虫。

外地游客看到"土笋冻"的字样，常会问："这是竹笋吗？"摊主会斟酌着说："啊，不是竹笋，是长得像竹笋的一种……一种动物。"这时必须注意用词，那些说"是一种泥巴里的大肉虫子"的摊主都被大自然淘汰了。趁游客还迷糊，摊主赶紧把几块土笋冻装在碗里，倒上酱油、醋、芥末、香菜递过去。往嘴里一放，"笋"脆爽，"冻"滑嫩，也没有怪味，挺好吃！

## 调的做法

《海错图》成书的明末清初，对泥钉的做法还比较复杂，又要剁碎，又要加猪肉。今天的做法简单多了：人们挖来虫子，先用水洗掉泥沙，再把内脏挤出来（以前是用脚踩，现在改用石磨碾了）。彻底洗净后，就放进锅里煮。虫体内的胶质煮出来后，连虫带汤倒进小碗里晾凉，就自然凝结成冻状了。

▼ 招潮蟹在打斗。星虫就藏在它们脚下的滩涂中

▲ 广西北海的泥钉汤。由于身体内部被翻到了外面，所以看上去和活着时不太一样

炒食的做法也比清朝时偷懒。以前要"寸切"，现在是整只虫不切。不过炒之前要把虫体的内面整个翻到外面来，外皮藏在了里面，内部纵条状的肌肉被翻到了表面，看上去和活着时是两种动物，其实只是内衣外穿了。

# 亲 手挖泥钉

曾经，整个东南沿海都有大量的弓形革囊星虫，现在，滩涂要么被填海造陆，要么水质受到污染，要么为了美观被换成了纯净的海沙，星虫数量大减。拿厦门来说，市面上的星虫，大多是浙江、广东一带运来的。

2014年，我和同事在厦门采访时，特意坐上小木船，来到一个无人岛——鳄鱼屿，去寻找弓形革囊星虫。

承包此岛的老汉"鳄鱼屿岛主"在岛上常年植树造林，使这里环境甚好。老汉的儿子"鳄少"带我们上了岛。他说："鳄鱼屿受海浪侵蚀，面积越来越小，所以我们在滩涂种了几片红树林，保护海岸。林下的泥里就有星虫。不过要等下午落潮后，滩涂露出，才能去挖。"

等了几个小时后，"海水退到最低了，走！"鳄少扛上锄头，带我们来到了一处红树林。他蹲下来，用锄头轻轻地挖着泥沙，没挖几下，就喊了声"有了"。我们凑过去，只见一条小指粗细的肉虫正在

▲ 挖出的弓形革囊星虫不能直接放在泥上，否则它会迅速用吻挖洞钻进去

▶ 鳄少在小心地挖星虫

◀ 小船离开鳄鱼屿时，
我回头拍了一张

翻滚，一端还有一条细细的"尾巴"。就是它，弓形革囊星虫！

星虫被挖出来后，惊慌地把"尾巴"往地里钻，试图回到地下。其实这不是尾巴，而是它头部的"翻吻"。这条长吻可以缩进体内，也能伸得很长。平时，星虫藏在泥里，把翻吻伸出地面。翻吻的顶端具有触手，可以在海水中截取藻类和有机物碎屑食用。为了消化这些食物，它的消化道有身体的6倍长，盘绕在粗壮的身体里。

我捏了捏它，它的翻吻立刻缩成了一个肉球，整个身体也紧绷绷的。正是这种遍布全身的发达肌肉，让它吃起来具有脆爽的口感。

这里的星虫真不少，基本每一锄都能挖出来，由此可见，它本应是非常常见的动物，只要环境在，是挖不完的。但偌大的厦门，我们却不得不来到这小岛上才能找到它。人类彻底改变了潮间带的环境，和星虫一起消失的，还有怪异的鲎（音hòu）、威武的招潮蟹和低矮的红树林。

回到厦门本岛，我又特意去吃了次土笋冻。用筷子夹起来，迎着阳光，我看着封印在里面的弓形革囊星虫，你们是否也来自远方的某个小岛？

## 海错图笔记的笔记 · 星虫

◆ 星虫属于环节动物门星虫纲，广西人吃的泥钉和福建人吃的"土笋冻"，都是星虫纲的成员。

◆ 星虫头部的翻吻可以缩进体内，也能伸得很长。星虫平时就利用翻吻截取海水中的藻类和有机物碎屑食用。

# 海蚕、海蜈蚣

## 【 与马同气，惊伏妖龙 】

◎ 海边有句话：地上有啥，海里就有啥。意思是，地上的生物都可以在海中找到形似的对应者。这不，《海错图》里就有一种"海蚕"和一种"海蜈蚣"，它们是什么动物呢？

海中之形確肖超洪波巨浸之中亦必有以制毒蛇妖龍也亦有紅黃二種附繪考字彙魚部有鯸鮇二字疑指魚中之蜈蚣

海蜈蚣贊

物類相制龍畏蜈蚣
海中産此驚伏妖龍

海螉裸蟲也裸蟲無毛毛蟲盡則継以裸蟲裸蟲三百

六十而以人為長人為物靈不可並舉故博物等書止

稱麟鳳龜龍為四靈之長今海上之裸蟲多矣不得不

並毛蟲而共列之而以螉継馬者海馬雖未嘗變海螉

而螉與馬同氣原螉之禁見於周禮合之六帖馬草累

女化螉之說要亦有異况螉之食葉如馬之在檻而首

亦類馬故六稱馬頭娘然此但言陸地之螉與馬同氣

者如此而海螉則更有異馬南州記曰海螉生南海山

石間形大如栂指其螉沙白如玉粉真者難得又拾遺

記載東海有氷螉長七寸黑色有鱗角覆以霜雪能作

五色繭長一尺織為文錦入水不濡入火不燒諸類書

昆蟲必有螉而曰龍精吾於鱗角之氷螉而信龍精云

謝若愚曰海蜈蚣在海底風將作則此物多入網而無魚

蝦拨海蜈蚣一名流蜻生海泥中随潮飄蕩與魚蝦侶㝵

若螞蝗兩旁誅排肉刺如蜈蚣之足其質灰白而斷紋作

淺藍色足如菜葉綠漁人經得不露於市人多不及見而

海魚吞食毎剖魚得厥状考之類書志書通不載詢之土

人知為海蜈蚣得圖其状更詢海人以此物亦可食否曰

漁人識此者多能烹而啖之其法以油炙于釀用釀醋枝

<br/>

海螉賛

螉本龍精

先諸裸生

性秉陽德

頭顙馬形

# 驯化"天虫"

人类驯化了多种动物，但在昆虫界罕有胜绩。称得上成功的，只有两位：蜜蜂和蚕。对中国人来说，蚕尤为重要。

家蚕源自中国野生的昆虫——野蚕。野蚕的体色灰暗，家蚕则洁白可爱。野蚕茧很小，家蚕茧大而结实，还有白色、黄色、绿色等品系。而且，家蚕的幼虫可以放在笸箩上养，只要有桑叶，不盖盖子都不会跑。变成蛾子后，又丧失了野蚕蛾的飞行能力。这些都说明，家蚕已经彻底被人类改变了。而这一切，都是中国人做到的。

反过来，家蚕也改变了中国人。种桑养蚕成了中国人的头等大事，与种庄稼并列，合称"农桑"。既然这么多人都指着蚕过活，那么造出一个"蚕神"来供人祭拜，就是很自然的了。民间常供奉一位叫"马头娘"的蚕神，形象是一位披着马皮的女子。等等，蚕跟马有什么关系？

▲ 我高中时在北京十渡山区找到的野蚕。它的胸部膨大，上面有两个明显的眼斑，用来模拟蛇头

▼ 家蚕胸部的眼斑模糊或消失，不再像蛇头，而像马头了

# 蚕与马同气

聂璜在《海错图》中道出了其中一个原因：马革裹女化蚕之说。晋代的《搜神记》里说，上古时期有个姑娘，思念出征的父亲，就跟家里的马开玩笑："尔能为我迎得父还，吾将嫁汝。"结果马真把她爸接回来了，之后还不断向姑娘显露爱意。她爸知道后，就把马杀了，剥下皮来挂在院子里。结果马皮腾起，把姑娘卷走，落在树上，变成一种迥异于野蚕的蚕，就是今天的家蚕。

传说毕竟是传说，蚕和马的联系有更早的来源。战国时的《荀子·赋》在提到蚕时有一句："此夫身女好而头马首者与？"意思是说，蚕的身体像女子一样苗条柔软，而头像马头一样。这才是蚕和马的真正渊源：蚕的前端膨大，形似马头。其实，膨大的那部分并不是蚕的头部，而是胸部，上面还有两个大大的眼斑，这样看上去就很像蛇头，可以有效地吓阻天敌。野蚕的这两个眼斑尤为逼真，然而被驯化成家蚕后，眼斑就模糊甚至消失了，人们也就看不出蛇的样子，而视其为马头了。"马革裹女"的传说，也是因此而产生的。蚕与马的形似，使古人一直有一个理论，叫"蚕与马同气"，即蚕和马本质上是相通的。聂璜如是解释："蚕之食叶如马之在槽，而首亦类马，故亦称马头娘。"

聂璜又听闻海里也有海蚕，却没见过海蚕，只好根据陆地上的蚕画了3只"海蚕"，个个长着马脑袋。聂璜收录了两条关于海蚕的记载："《南州记》曰：海蚕生南海山石间，形大如拇指，其蚕沙白如玉粉，真者难得。又《拾遗记》载：东海有冰蚕，长七寸，黑色，有鳞、角，覆以霜雪。能作五色茧，长一尺，织为文锦，入水不濡，入火不燎。"这些描述过于离奇，听听就好。今天人们所称的海蚕，指的是一类在海边沙子里的小虫，即"沙蚕"。《海错图》中也画了沙蚕，标注的名称是"海蜈蚣"。

▲ 沙蚕，俗名海蚕或海蜈蚣

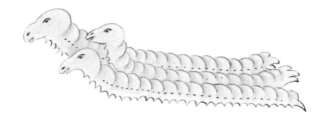

▶ 《海错图》中的"海蚕"

# 海中蜈蚣

聂璜听一位叫谢若愚的人说，海蜈蚣藏在海底，风浪要来时，渔网中就捞不到鱼虾，而多是海蜈蚣。聂璜准备把它画下来，想查查资料，却发现"类书、志书，通不载"。当时聂璜住在福建，去当地的海鲜市场也找不到海蜈蚣，因为"渔人网得，不鬻（音yù，卖）于市，人多不及见"。后来，他在厨房收拾海鱼时，发现剖开鱼肚后，总能找到一种"柔若蚂蟥，两旁疏排肉刺，如蜈蚣之足。其质灰白，而断纹作浅蓝色，足如菜叶绿"的虫子，询问百姓后，才知这就是海蜈蚣。它是海鱼最爱的食物，海边人钓鱼前，总要在沙滩上挖一堆海蜈蚣（沙蚕）当饵，就如同内陆人钓鱼前要挖蚯蚓一样。

事实上，我们真可以把沙蚕视为滩涂中的蚯蚓。和蚯蚓一样，沙蚕也在泥中钻洞，也取食泥沙中的有机物，甚至也会在沙滩上拉出蚓粪一样的小丘。蚯蚓对于陆地土壤来说非常重要，沙蚕则对滩涂起着相同的作用——它可以取食其他生物的排泄物以及动植物残体，维持

◀ 我在泰国丽贝岛沙滩上看到许多条状沙子，堆积成小丘，形似蚯蚓粪，但比蚯蚓粪壮观得多。回家查阅资料才知道，这是某种大型多毛纲动物的粪便。说是粪便，其实就是经肠道过滤后的沙子，相当干净

◀ 深圳海边石头下的沙蚕。乍一看很像蚯蚓，但沙蚕每一节体侧都有疣足，凭这就可以和蚯蚓区分开。

▼ 很多海鱼都爱吃沙蚕

海滩的清洁。它到处钻洞，让海泥疏松透气，促进了有机物的分解。1991年11月—1992年5月，张志南等学者在山东文登的30个养虾池里投放日本刺沙蚕，发现在3个月内，沙蚕可以将池底表层厚5厘米、面积558.9平方厘米的沉积物整体翻新一遍。2011年，《水产学报》上刊登的一篇论文显示，在鱼池里加入双齿围沙蚕，池底的氮、磷污染物比单养鱼降低了10%左右。科学家们在天津塘沽、连云港、渤海湾等地受破坏的滩涂上投放沙蚕，没过多久，沙蚕就明显地"清洗"了海沙，生态环境得到了修复。

　　沙蚕与蚯蚓如此类似，是因为它们亲缘关系并不远，都属于环节动物门。只不过，沙蚕是多毛纲的，每个体节常长着又长又多的刚毛。而蚯蚓是寡毛纲的，刚毛少且不明显，以至于大部分人根本没意识到蚯蚓也是有毛的。沙蚕的体侧有肉质的"疣足"，可以活动，上有刚毛，辅助钻泥。这就是聂璜所说的"两旁疏排刺，如蜈蚣之足"了。蚯蚓就没这套设备。

　　聂璜并不了解这些现代动物知识，他压根儿没把沙蚕和蚯蚓联系起来。在他眼里，沙蚕还是跟蜈蚣关系近："尝闻蟒蛇至大，神龙至灵，而反见畏于至小至拙之蜈蚣。今海中之形确肖，疑洪波巨浸之中亦必有以制毒蛇妖龙也。"他听说龙会害怕陆地上的蜈蚣，就认为海蜈蚣就是海生的蜈蚣，可以制服海中的妖龙。其实，沙蚕虽然叫海蜈蚣，却和真正的蜈蚣没有关系：蜈蚣属于节肢动物门，跟沙蚕都不是一个门的。

# 禾虫和流蛴 qí

聂璜记载了沙蚕的一个略显怪异的别名："海蜈蚣，一名'流蛴'。"今天的福建人看到此名应该很亲切，这正是沙蚕在福建的称呼。聂璜客居福建多年，自然获得的是福建土名。而沙蚕更著名的一个土名他就无缘得知了——广东人称之为"禾虫"。

现在各种资料都说，禾虫和流蛴仅指"疣吻沙蚕"这一个种。我表示怀疑。沙蚕的种和种之间差别不明显，要靠头部和疣足的微观形状才能准确辨别。所以这两个名字估计指代好几种形近的种类。

虽然俗名不一样，但福建和广东对它的烹饪手法却差不多。是的，这东西也能吃。聂璜在画完海蜈蚣的图像后，潜意识里觉得海民应该不会放弃这种蛋白质，便问海民："此物亦可食否？"果然得到了满意的答复："渔人识此者，多能烹而啖之。其法以油炙于镬（音huò），用酽（音yàn）醋投，爆绽出膏液，青黄杂错，和以鸡蛋，而以油炙，食之味腴。"

▼ 禾虫受到调料的刺激，爆出了白浆

这是福建的做法。广东也用它煎鸡蛋。当然还有其他做法。《广东新语》中记载："得醋则白浆自出，以白米泔滤过，蒸为膏，甘美益人。"这"白浆"，就是《海错图》里的"膏液"。禾虫的鲜美尽在其中。饱含白浆的禾虫偏又敏感得很，稍经扰动，虫体就会爆裂，漏了满身。粤地有句话形容人脾气暴："禾虫命——一出爆浆。"

烹饪过程中，爆浆无妨，反正最后都会吃进去。不少厨子还会故意刺激它们爆——在虫身上撒盐、撒醋，或者用筷子搅拌，让风味物质随浆流出。但是在之前的清洗过程中，反而要千方百计阻止爆浆。此时禾虫尚带泥水，若动作太大爆出浆来，这浆可有"传染性"，沾到其他虫身上，会导致连锁爆浆，盆中咕叽作响，变成一盆脏糨糊，

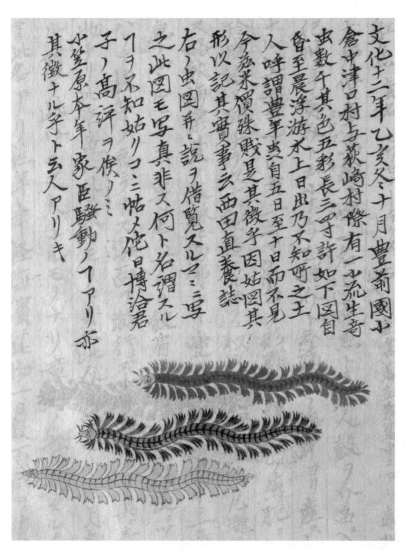

吃也不是，扔也不是。有个方法预防：两手持一根细绳的两端，从一盆禾虫的表层刮过，绳上就会挂上一排虫，把它们放到细网筛上轻柔洗净，这样分批洗，禾虫就不会爆浆了。

浆是什么？大部分是禾虫的精子和卵子。平日的禾虫，肚内没有此物，只在一年中的两次"禾虫造"时才会有。

▲ 日本江户时代的《千虫谱》中，用汉字记载了一件发生在日本的真事："文化十二年乙亥（注：即公元1815年，相当于清嘉庆二十年）冬十月，丰前国小仓中津口村与荻崎村际，有一小流，生奇虫数千。其色五彩，长三四寸许，如下图。自昏至晨浮游水上，日出乃不知所之。土人呼谓'丰年虫'。自五日至十日而不见。今兹米价殊贱，是其征乎？"从发生季节、虫体形态、行为来看，都和中国的"正造禾虫"一模一样。《千虫谱》绘制时，《海错图》深藏紫禁城，所以日本绘者肯定是独立绘制的，但所绘画面和《海错图》里的"海蜈蚣"酷似，甚至三条虫的颜色都和《海错图》里的相同，是颇有趣的巧合

# 禾虫过造恨唔返

　　"造"，是粤地方言。《广东新语·文语·土言》中说："一熟曰一造。"禾虫造，就是禾虫成熟的时候。和一般沙蚕不同，禾虫并不是纯粹的海洋生物，可以耐受相当程度的淡水，能在河流入海处的稻田里生活。平时它们在田泥下隐藏，只在农历四月至五月和九月至十月涨大潮时钻出来繁殖。此时分别是早稻和晚稻孕穗扬花的时候，禾虫也因此得名。四五月那批被称为早造虫，较瘦；九十月那批叫晚造虫、正造虫，听"正造"就知道，这是虫子一年中最肥满的时候，生殖腺充盈了虫体，每只雌虫都怀着20万~30万颗卵。

　　禾虫必须要在涨潮的水中繁殖，这样后代才能随潮水退去散布到远方。然而它又是各种生物钟爱的食物，从泥里一冒头就可能被叼走。于是，禾虫采用了一种孤注一掷的策略：在极其特殊的几个晚上，同时集体钻出来，用夜色的掩护和庞大的数量来降低损失。生物学上称之为"群浮"。这几个晚上需要满足很多条件：温度不能低、水中要有足够的盐度（意味着涨大潮）、月相要在新月或满月附近几天（即《广东新语》介绍禾虫造时所说的"初一二及十五六"）。因素越多，日子就越受限、越精确、越能保证大家在同一时刻出来。

　　禾虫的身体只适合钻泥，不适合游泳。为了在繁殖那天在水中畅游，快速找到异性，它会用一段时间改变自己的身体，变成一种独特

◀ 市场售卖的禾虫。红里泛黄的是雄性，绿里泛蓝的是雌性

的形态——异沙蚕体。它的体长缩短，宽度增加1倍，眼睛变大，口旁触须变长，身体中后部的疣足更加强壮、扁平，疣足上的丝状刚毛变成了桨状。原本雌雄难辨的它们，变成异沙蚕体之后也好分了：雌性是冷美人，绿里泛蓝；雄性是暖男，红里透黄。聂璜画的"海蜈蚣"很好地展现了这一点。

那一夜终于来了。泛着咸味的潮水淹没了稻田，禾虫们收到信号，如雨后春笋一样钻出泥来，向水面游去。雄性迅速找到雌性，围着它打转，这有个名词，叫"婚舞"。雌性比较慢热，一个小时后终于兴奋起来，一边迅速游泳，一边身体裂开口子，把全身的卵毫无保留地释放出来。雄性受到扑面而来的卵浪刺激，情难自制，也释放出精子（这就是为什么一虫爆浆后易导致连锁爆浆）。精卵在水中自由结合，半小时后，父母们变成干瘪的躯壳，沉入水底。若它们有表情，定是含笑九泉的。

这是理想状态。若有人类掺和，就不一样了。渔民在禾虫狂欢的夜晚，兴奋度不亚于禾虫。提前看日历、观天象、备齐网具，入夜后，在禾虫刚开始乱游、未释放精卵之时就将其捞起，小心清洗后迅速发往市场。无数老饕正嗷嗷待哺呢！

民国作家叶灵凤曾常住香港，据他说，广东有"禾虫瘾"一词。某些人嗜禾虫上瘾，认为禾虫是"得稻之精华者也"。民国时的港英当局认为禾虫不洁，禁止买卖，竟有人把禾虫经中山，过澳门，走私到香港，在小巷中贩毒般偷摸售卖。毕竟广东有句俗话："禾虫过造恨唔返。"意思是，错过了禾虫造，悔恨也没用了。

# 断或全尸

在大部分中国人都没听说过的一个地方——南太平洋西萨摩亚群岛，每年11月的一个晚上，会发生与"禾虫造"极其相似的事情。当地浅海里有一种矶沙蚕，在那一天夜里，也会群浮、集体婚舞。不同的是，它们只把尾部脱落放走，前半段还留在礁石上继续生活。尾部虽然没有脑袋，却也能无师自通地游到海面释放精卵。当地人把这一天视为大日子，拖家带口拿着手电和手网，蹚海捞虫。甚至等不及烹

▲ 沙蚕的幼体，会先在水中浮游，取食藻类等，长大后才钻进泥里

饪，从网里抓起来就直接扔进嘴，和万里之外的广东人、福建人达成了默契。

有个细节引起了我的注意：《广东新语》说禾虫狂欢时"乘大潮断节而出，浮游田上"；广东文人黄廷彪《见食禾虫有感》描述禾虫"一截一截又一截"；顺德人张锦芳的《禾虫》诗说"蜿蜒陇底尺有咫，出辄寸断无全形"。似乎虫体都不完整。难道禾虫和西萨摩亚的矶沙蚕一样，只让身体后半截参与繁殖？

查遍关于疣吻沙蚕的文献，都没有提到这样的习性。亲眼去市场看看是最好的，然而北京没有这玩意儿。写此文期间，单位想让我参加一个东莞的采风，我有事没去，结果他们在席上吃了禾虫！悔得我肠子都青了。只能从他们拍的照片上辨认，似乎每条虫长度都差不多，都有头有尾。询问了一些福建、广东的朋友，看了不少照片和捕捞禾虫的视频，终于确认，禾虫是整个虫体参与群浮的，并不会主动断。市场售卖的也基本全是整虫，所谓"断节而出""寸断无全形"，要么指的是繁殖过后死亡的残缺虫体（释放精卵时身体会破裂），要么就是捕捞、运输、清洗不慎造成的破损。用心的话，是可以避免断的。

▼ 一只剑鸻（音héng）从沙滩里拽出了沙蚕。沙蚕是许多海滨生物的重要食物

# 还 虫于田

人们捕捞了这么多未产卵的禾虫，似乎很影响其种群。其实禾虫是食物链底层物种，数量多、繁殖力强，就像荒地上的野草，只要留着这片地，草是拔不净的。可这片地要是盖了楼或灌了毒，就不一样了。禾虫对农药等污染相当敏感，哪里被污染，它就会逃走，而海边滩涂、稻田的减少，又让它逃无可逃。近些年，禾虫的产量下降很厉害，不得不从越南进口一部分来满足国内市场。

有人开始养禾虫了。华南师大有个禾虫养殖场，为了避免下药，用水草和吃微生物的鲻鱼来净化水质，每个月还人工模拟涨退潮三四次，刺激虫子生长。虫子要群浮时，就根据市场需要，有计划地给某几个池子注水，等虫子游出再排水，用网兜住排水口，就能轻松收获整池禾虫。广西钦州市牛骨港出产一种海水稻"海红米"，脱壳后是红的，非常耐海水，但因为产量低，逐渐被忽视。后来人们发现禾虫值钱，就在海红米田里套养禾虫，稻米不施肥打药，靠禾虫提供营养，虫也肥了，米也变成有机食品了，收入比单种稻翻了五六倍。

我看这样挺好，如果养殖群体能反哺一下野生资源，那就更好了。聂璜说海蜈蚣能降伏妖龙，其实在放大镜下，海蜈蚣自己就像一条微型蛟龙。有它们在滩涂下翻腾钻营，海岸才能生机勃发。

## 海错图笔记的笔记·沙蚕

◆ 沙蚕属于环节动物门、多毛纲，身体的每个体节常长着又长又多的刚毛，体侧有肉质的"疣足"，可以活动，与刚毛一起，辅助钻泥。

◆ 沙蚕可以取食滩涂上其他生物的排泄物以及动植物的残体，维持海滩的清洁。它到处钻洞，能让海泥疏松透气，促进有机物的分解。

◆ 禾虫在变成异沙蚕体时，雌雄变得易辨：雌性绿里泛蓝，雄性红里透黄。

# 海参、泥蛋

## 【海中人参，泥中软蛋】

◎ 无眼无足，令人迷惑的动物，却被中国人视为海错珍品。

其一端也漢逸曰然哉方若望曰近年白海參之多皆係
番人以大魚皮偽造嗟乎邇來酒筵之中鹿筋以牛筋假
鰻魚以巨頭螺肉充今又有假海參世事之偽極矣

海參總贊

龍宮有方久傳海上
食補勝藥參分兩樣

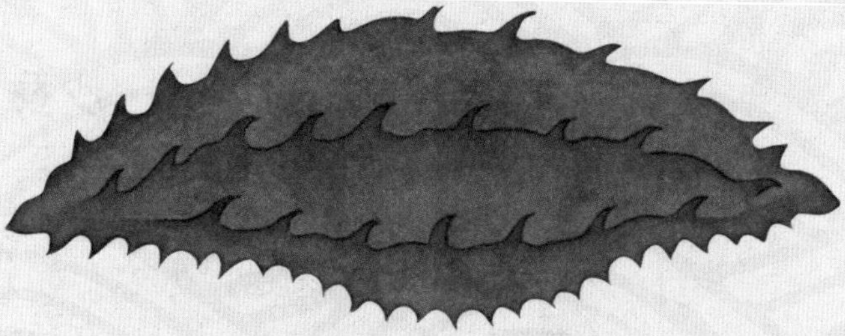

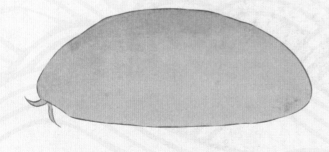

考彙苑異味海味及珍饌內無海參燕窩魷翅鰻魚四種
則今人所食海物古人所未及嘗者多矣若是則郇公之
香廚段氏之食經豈不尚有遺味耶張漢逸曰古人所稱
八珍亦無此四物鰻魚本草內開載海參然不知與於何代
其味清而腴甚益人有人參之功故曰參然有二種白海
參產廣東海泥中大者長五六寸背青腴白而無刺採者
剖其背以蠣灰醃之用竹片撐而晒乾大如人掌食者浸
泡去泥沙煮以肉汁滑澤如牛皮而不酥產遼東日本者
亦長五六寸不等純黑色背穹腴平週繞肉刺而
腹下兩旁列小肉刺如鱉足採者去腹中物不剖而圓乾
之烹洗亦如白參法柔軟可口勝於白參故價亦分高下
也彌來酒筵所需到處皆是食者既多所產亦廣然煮參
非肉汁則不美日本人專嗜鮮海參柔桑魚鰻魚海鰍腸以
譫客而不用豬肉以其飼穢故同回俗所烹海參必當無
味予謂鮮參與乾參要必有異外國之味始且無論第就
邊廣二參以辨高下蓋有說焉廣東地煖製法不得不用
灰否則糜爛矣既受灰性所以煮之多不能爛逸東地氣
寒參不必用灰而自乾本性具在故煮亦易爛而可口所

# **后**来居上的珍馔

　　海参、燕窝、鲨翅、鲍鱼，在清代是公认的四大珍味。但聂璜发现，他经常参考的那本包罗万象的明代古书《汇苑》中，不管是异味、海味还是珍馔的类目下，都找不到这四种东西，所以他认为："今人所食海物，古人所未及尝者多矣。"他与朋友张汉逸谈及此事，张汉逸也早就发现了这一点，补充道："古人所称八珍，亦无此四物。"聊到海参，张汉逸说，也不知道海参是什么时候火起来的。它的味道清爽，口感肥美，而且有人参一样的功效，"海参"这名儿就是这么来的。

　　两人又谈到南北海参的口感。众所周知，北方的海参比南方的好吃。原因是什么呢？聂璜认为，广东炎热，在那里捕捞的海参必须用牡蛎壳做成的石灰腌制，才不会腐烂，但过了一道石灰，就受了"灰性"，"所以煮之多不能烂"。而辽东地气寒，海参不用石灰就能自然风干，保持了本性，煮之易烂可口。而且"北地之物，性敛于内，诸味皆厚；广南之物，性散于外，诸味皆薄"。张汉逸点点头："然哉。"

▼　梅花参是海南和三沙群岛出产的一种巨型海参，一根肉刺常常有多个分支，如同梅花。梅花参是南方海参中的极品

▲ 仿刺参是北方海参的代
表，也是最著名的食用海参

▼ 糙海参已经成功实现人工养殖，
在华南的海鲜市场可见

# 北 参和南参

　　一些广域分布的海物，北方的品质更佳，可能是因为北方水冷，海物生长慢，风味物质容易累积。但海参却并非如此。北参比南参好，最重要的原因是物种不同。看看聂璜画的海参就明白了。他画的北方海参是黑色带肉刺的，产自辽东、日本，"长五六寸不等，纯黑如牛角色，背穹腹平，周绕肉刺，而腹下两旁列小肉刺如蚕足。采者去腹中物，不剖而圆干之……柔软可口"。这就是今日著名的"辽参"，也常被称为"刺参"，其实正式名叫"仿刺参"（*Apostichopus japonicus*），是刺参科仿刺参属在中国的唯一物种。南方参代表则是一种白色的海参："产广东海泥中，大者长五六寸，背青腹白而无刺。采者剖其背，以蛎灰腌之，用竹片撑而晒干，大如人掌。食者浸泡去泥沙，煮以肉汁，滑泽如牛皮而不酥。"它被聂璜称为"白参"，如今华南市场上也卖一种叫"白参"或"明玉参"的海参，正式名叫"糙海参"（*Holothuria scabra*）。它无刺而肥胖，后背青灰色，腹面白色，应该就是聂璜画的白参。

　　中国的海参种类繁多，要么软软一摊，要么皮糙肉韧，唯有仿刺参口感最佳，而仿刺参恰好分布在北方海域。这只能说北方比较幸运，而不能证明北方海参优于南方海参。因为北方除了仿刺参还有二三十种海参，都不怎么好吃。

# 海底洗沙器

写此文时，我问中国科学院南海海洋研究所西沙站的霍达老师，能否提供两张糙海参的照片，他马上给我发来一堆："实验室正好在做糙海参的增殖放流！"

霍老师的研究方向是热带海参的繁育，再将它们放归到三沙群岛的大海中——不是为了吃，而是做生态修复。海参如推土机般翻动沙子，能活化海床，促进海底物质的释放。海参的口周围有几条羽毛状的触手，每时每刻地往嘴里划拉，连沙子带有机物碎屑都吃进肚里。沙子经过它长长的身体，从肛门排出来的时候，就变得干净了。有机物碎屑也变成了能被藻类和植物利用的无机肥料。所以说，一只海参就是一台"洗沙器"。另外，海参拉出很多碱性的无机氨，可以缓解海水酸化对珊瑚的破坏。因此海参多的地方，海草、珊瑚都会长得比较好。

▼　两米长的斑锚参，经常吓到热带海滨的游人

▶ ▼　在中国南海、东南亚的浅海，最常见到两种纯黑的海参：玉足海参（上图）和黑海参（下图）。玉足海参受惊会吐出居维氏管，摸起来软一些，活体不沾沙子。黑海参不会吐居维氏管，摸起来比较硬，活体常沾满沙子，唯有背部两排区域无沙

　　一片健康的热带浅海，应该是遍地海参的。我在三沙群岛和东南亚蹚过很多这样的浅海，海底到处是纯黑的玉足海参和身体沾满沙子的黑海参，如同巨人在此到处撒大条，几乎没有下脚的地方，颇为硌人。最硌硬的是遇到斑锚参。这种海参极长，蜿蜿蜒蜒足有两米，常吓得游客惊呼"海蛇"。若捞起来，它也不会像其他海参那样紧张变硬，而是如鼻涕般软塌塌的，垂下来有一人多高。我这么喜欢自然，对此物都接受不了。不过我算老几呢？兴旺的海底生机勃勃，大家都在忙碌地生活，谁管你们人类在鬼叫什么。

# 泥蛋之谜

　　《海错图》中有一幅"泥蛋"图，此物形如鸡蛋，"生海水石畔""剖之，腹有小肠"。有学者认为这是海鞘，但海鞘有两个突起的进出水口，泥蛋没有；且海鞘常年附生在同一处，而泥蛋"冬春始有"；东亚能食用的海鞘是真海鞘（*Halocynthia roretzi*）和红海鞘（*Halocynthia aurantium*），它们的野生分布地在日本、韩国和俄国，而泥蛋产自福建连江；真海鞘和红海鞘是浓艳的红色，而泥蛋"色浅红"；泥蛋"味同龙肠（注：方格星虫、单环刺螠等生物），宴客为上品"，而中国人根本没有吃海鞘的习惯，海鞘的口感也和方格星虫之类完全不同。

　　综上，我认为泥蛋并非海鞘，而可能是海参纲芋参目尻参科的海地瓜（*Acaudina molpadioides*）。这是一种非常不像海参的海参，从山东海域一直分布到海南岛海域，生活在浅海沙子下，民间也有少量食用习惯。中国红树林保育联盟理事长刘毅老师就自己试吃过"海地瓜炒韭菜"，并拍视频记录。吃了一口海地瓜，他评价其"像煮熟

▲　海地瓜正准备用吻部掘泥，钻回地下

泥蛋形长圆而色浅红亦名海紅又名海橘生海水石畔冬春始有剖之腹有小肠産連江等庵爲美性冷味同龍腸宴客爲上品考字彙韻書有卵字無蛋字盖俗稱也

泥蛋赞

形似卵黃味等龍腸
錫以美名龍蛋可嘗

▶　《海错图》里的"泥蛋"

▲ 2月份的福建厦门，被海浪卷到岸上礁石间的大量海地瓜

的羊皮"，第二口吃的是韭菜，评价是："还是韭菜好吃。"我给刘毅看了《海错图》中泥蛋的图文，他也认为是海地瓜。因为以他的观察经验，海地瓜平时躲在沙子里看不到，在冬春会被风浪卷到岸边礁石区大量出现，正好对应"生海水石畔""冬春始有"。

现在几乎没人吃海地瓜了，它的用途改为被赶海主播剖着玩，展示给观众看。鼓囊囊的海地瓜，一剖就喷出一肚子海水，可以打造最好的完播率。

## 海参的日本料理

我很不爱吃海参。吃它是为了什么呢？营养？我不信它比牛肉、鸡蛋好使。口感？我不喜欢那种胶冻感。味道？除了腥味，啥味没有。要好吃，得靠调味汁。但是有那么香的汁，我浇肉、浇菜、浇米饭不好吗？家里老人干海参买多了，给了我一些，我一直冻在冰箱里。

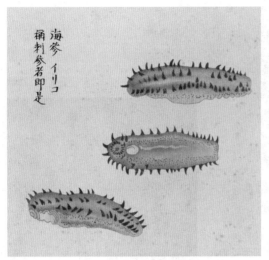

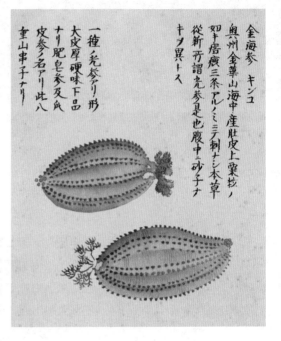

◀ 日本江户时代后期《栗氏虫谱》中的仿刺参。作者栗本丹洲写道："海参，我国产量颇丰，外国产量少，所以常作为商品和外国船舶交换货物……为我国带来繁荣的海参自有其煮法：将其浸泡一夜，用白水煮一个时辰，再浸泡一夜，再煮一个时辰，煮到能用筷子把筋夹断为止，放入底汤中煮至充分入味。"

▶ 《栗氏虫谱》记载，日本宫城县的金华山海域出产图中这种"金海参"，被视为珍品。天气晴朗时，它会在海底伸出花朵般的触手，日本渔民称其为"金哥开花"。此物肚子里干净，没有一点儿沙子。黄色内脏的好吃，绿色内脏的不好吃。日本人喜欢连着黄色内脏一起生吃。从图可知，这是瓜参科的海参。如今中国市面上有一种干品"北极参"或"海瓜参"，就是这类瓜参科的海参

聂璜也明白让海参好吃的秘密："煮参非肉汁则不美。"这肉汁，指的是猪肉汁。《随园食单》里记载的海参做法是："用肉汤滚泡三次，然后以鸡、肉两汁红煨极烂……大抵明日请客，则先一日要煨，海参才烂。"鲁菜"葱烧海参"的那个汁，也得用猪油来做才行。聂璜写到这，开始鄙视起日本料理："日本人专嗜鲜海参、柔鱼、鳆鱼、海鳅肠以宴客，而不用猪肉，以其饲秽，故同回俗，所烹海参必当无味！"

"同回俗"有点儿过了，其实日本自古以来一直吃猪肉，只不过上流社会比平民吃得少，吃的也多为野猪，家猪养殖长期以来没怎么发展，猪肉做法也简单，远远比不上中国菜。豚骨拉面、炸猪排等著名"日本料理"，都是近代才从他国传入日本的。在聂璜那个时代，日本人是绝对想不出"肉汁煨海参"这等做法的，被聂璜鄙视也不算冤枉。

# 海参造假

广东的白海参已是海参之下品，但依然有人造假。友人方若望告诉聂璜："近年白海参之多，皆系番人以大鱼皮伪造。"聂璜听后，仰天长叹："嗟乎！迩来酒筵之中，鹿筋以牛筋假，鳆鱼以巨头螺肉充，今又有假海参，世事之伪极矣！"

这种感叹很熟悉，今天人们不也这么喊："假烟、假酒、假手机，这个社会怎么了！"其实社会自古如此，只要利大可图，就有造假。海参造假，当今依然存在。不法商人会在干制海参时放大量糖，海参吸了糖就会变重。逼得有些顾客买海参时，还得舔舔甜不甜。聂璜提到的"鳆鱼（鲍鱼）以巨头螺肉充"，现在也有。直播带货的主播挥舞着塑封好的巨大螺肉："家人们，这是咱家的黄金鲍啊，现在下单我给你发2只，发4只，还不够？8只！"这些形似巨型鲍鱼的螺肉，为啥没有鲍鱼壳？因为它们是非洲的宽口涡螺的腹足。人们从涡螺壳里挖出螺肉，塑封好，印上"黄金鲍"的汉字。稍微烹调不得法，这些"黄金鲍"就硬得难以下咽，若去找商家，人家还告诉你："家人，'黄金鲍'是商品名哈，咱们没有说它是鲍鱼。"

世事之伪极矣，而世事如常。

## 海错图笔记的笔记 · 海参

- ◆ 清代公认的四大珍味是海参、燕窝、鲨翅和鲍鱼。
- ◆ 海参被称为"洗沙器"，它将沙子和有机物碎屑吃进肚里，排出来的沙子就变得干净了，有机物碎屑也变成能被藻类和植物利用的无机肥料。而且海参能排出碱性的无机氨，可以缓解海水酸化对珊瑚的破坏。

第四章

草部

# 海带、海裩布

【 龙王号带，若玄若黄 】

◎ 中国本不产海带，《海错图》中为何有一幅壮观的海带图？

海带产外海大洋光边者在水時者黄色濶七
八寸毛边者红黑色濶半尺並约長一二丈不
等出水乾之皆作黄綠色其状如斾如帶毛边
者其尖两短一長如火焰旗式尤奇古人作海
賦者若滌與公木華子張融等不一所賦之物
皆虛空摹搬末能親見奇物也使得靚海帶文
壇尤當扱幟

海帶贊

龍王虤帶

若位若黃

飄颺海上

旗斾央央

# 海带是荤的还是素的？

2020年，我去福建东山岛拍摄了一段海带养殖场的视频。2021年，有拖延症的我把视频传到网上。片中，我拎起一根海带，把它的根状固着器拿到摄像头前，讲解道："海带就是用它附着在海底或者绳子上的。这个叫固着器，或者叫假根，因为海带不是植物，不能叫根。"结果这几秒画面的弹幕突然满了："？？？""海带不是植物？""那海带是荤的还是素的？"

有一些知识点，是能养活科普人一辈子的。因为年年讲，年年都有大量的人不知道。比如中国没有蜂鸟（你在中国看到的疑似蜂鸟都是一些悬停技术高的天蛾科昆虫或小型鸟类），菠萝就是凤梨（网上所谓菠萝和凤梨的区别，只是几个菠萝品种的区别），还有海带不是植物。

▶ 2020年，我在福建东山岛的海带养殖场，拿着两根新鲜的海带

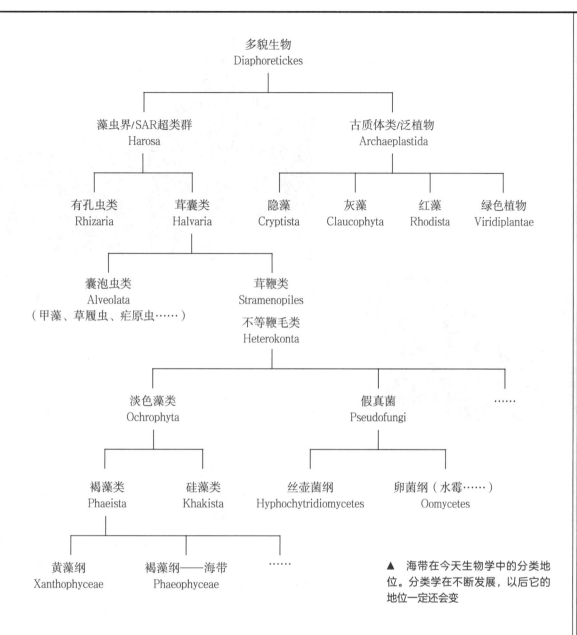

多貌生物
Diaphoretickes

藻虫界/SAR超类群　　　　　　　　古质体类/泛植物
Harosa　　　　　　　　　　　　Archaeplastida

有孔虫类　　　茸囊类　　　隐藻　　　灰藻　　　红藻　　　绿色植物
Rhizaria　　　Halvaria　　Cryptista　Claucophyta　Rhodista　Viridiplantae

囊泡虫类　　　　　　　茸鞭类
Alveolata　　　　　　Stramenopiles
（甲藻、草履虫、疟原虫……）

不等鞭毛类
Heterokonta

淡色藻类　　　　　　　　　假真菌　　　　　　　……
Ochrophyta　　　　　　　Pseudofungi

褐藻类　　　硅藻类　　　丝壶菌纲　　　　　　卵菌纲（水霉……）
Phaeista　　Khakista　　Hypochytridiomycetes　　Oomycetes

黄藻纲　　　　褐藻纲——海带　　　……
Xanthophyceae　　Phaeophyceae

▲　海带在今天生物学中的分类地位。分类学在不断发展，以后它的地位一定还会变

　　其实在我上学时学习的"五界系统"（原核生物界、原生生物界、真菌界、植物界、动物界）中，海带确实是被归为植物的，属于植物界褐藻门。但今天的分类学已经更加科学，五界系统早已过时。有一段时间，海带被划在一个叫"色素界"的界里，但是这个界被认为设得不妥，又被废弃了。如今，海带不属于植物界，也不属于动物界，而属于很多人都陌生的一个界：藻虫界。而海带被分在这个界里的茸鞭亚界，鱼类身上长的水霉、造成爱尔兰饥馑的土豆疫霉，也都属于这个亚界。其实，对于这些难搞的类群，学者们已经不太喜欢用"界""亚界"这样泾渭分明的称呼了，而爱用

▲ 野生海带靠固着器抓在海底，藻体向上生长。但人工养殖的海带，其固着器抓住的是绳子，所以是倒挂在海水中，向下生长

◀ 海带的固着器如同根状，只起固着作用

"某某类""某某生物"的说法。比如藻虫界，常用的另一个称呼就是"SAR超类群"。这个名字下分为三大家族："S"就是茸鞭类（Stramenopila，又称不等鞭毛类），海带就在这类里；"A"就是囊泡虫类（Alveolata），最著名的成员是草履虫；"R"就是有孔虫类（Rhizaria），冲绳的名产——"星砂"，就是有孔虫的骨骼。所以，按照最新的分类，你可以说海带属于藻虫界——茸鞭亚界——淡色藻门——褐藻纲，也可以说海带属于SAR超类群——茸鞭类——淡色藻类——褐藻纲。

什么乱七八糟的，归为藻类不就得了！其实"藻类"这个词更用不得，它是一个分类垃圾桶，以前只要是水里像植物的东西，恨不得全叫藻类。但是现在发现很多"藻类"亲缘关系极远，那就不能归在同一个名头下了，就好比不能把两条腿走路的动物全称为人。所以"藻类"早已不是科学分类上的词语了。

说了半天，海带到底算荤的还是素的？其实看到这儿你就应该明白，生物的复杂是远超普通人想象的，分成五界、六界尚不能讲清其关系，更何况荤素二字呢？要我说，海带不是荤的，也不是素的，这才符合它的本质。

海带的原产地是俄罗斯、朝鲜、北海道这些寒冷的海域，如今中国海域里的海带，是20世纪20年代才从日本引进的，距今才100年。但在康熙年间的《海错图》里，却有一幅精美的海带手绘图，这是怎么回事？

# 海带，产外海大洋

其实，聂璜在第一句里就讲出了答案："海带，产外海大洋。"《海错图》里的海带，应该是从国外进口的。

海带是冷水生物，自然分布在库页岛海域和北海道海域，被朝鲜半岛一挡，全挡在今日的中国海域之外。据中国海藻学的先驱曾呈奎考证，中国古籍里叫"海带"的东西，有些是中国原产的大叶藻属或虾海藻属，虽叫"藻"，却是能在大海里开花结果的被子植物；还有

▲ 中国古籍中一些号称产自山东等地、可用来绑缚物品的"海带"，其实是大叶藻等海生被子植物。至今，山东仍有人称这些植物为"海带草"

▲ 清代《植物名实图考》里的海带图，绘制的是今天所指的海带

的就是从朝鲜等地进口的真正的海带了。比如《植物名实图考》里"海带"词条的绘图，基本能确认和今天的海带是一回事。

中国古籍里对海带描绘得最细的图像，还得是《海错图》里这幅。这是一幅极具艺术性的作品，两根截然不同的海带在一起缠绵荡漾，没有画出海水，却能感受到海水的存在。画中展示的是聂璜见过的两种海带，一种是光边的，一种是毛边的。聂璜记载："光边者在水时杏黄色，阔七八寸；毛边者红黑色，阔半尺，并约长一二丈不等。出水干之，皆作黄绿色，其状如旗如带。毛边者其尖两短一长，如火焰旗式，尤奇。"这光边者倒好办，应该就是今天市面上流行的那种海带（Saccharina japonica）。

## 毛边海带之谜

可毛边的那种就麻烦了，我翻遍了手头的海藻书籍，也没找到可以对应的。我问了一些研究海藻的学者，有的直接跟我说"一看就是翅藻科的"，但我追问有哪种翅藻的藻体边缘有两短一长循环的毛边，他们又找不出来。还有的学者认为是昆布（Ecklonia

▼ 日本人把海带属的多个物种和变种都称为昆布，再根据形态、产地冠以不同的前缀，这些海带从左到右的日本名称分别为利尻昆布、罗臼昆布、真昆布、日高昆布

kurome），也就是鹅掌菜（注意，日本人和中国一些古籍把海带称为昆布，但今天中国学术界的昆布指的是鹅掌菜，并非海带）。但昆布的藻体边缘是极长的羽状舌形裂片，并非《海错图》中的短刺毛边，更没有"两短一长"的特点。而且昆布的整个藻体都不长，也就1米左右，形似宽大的鹅掌，并非《海错图》里修长如带、"约长一二丈"（3~6米）。那么裙带菜呢？它的问题和昆布一样：毛边形状不符、藻体太短。

▼　昆布的形状、长度都和《海错图》中的毛边海带不符

所以我认为，"毛边海带"有两种可能。一是外洋的某个边缘有卷边的海带属物种。比如日本产的一个海带的变种——鬼海带（亦称罗臼昆布，学名*Saccharina japonica var. diabolica*），藻体边缘往往就有极强烈的卷边，干制压平后就类似于《海错图》中毛边的状态。但这类海带的卷边很不规律，所谓"两短一长"可能只是聂璜观察的特例个体，或藻体的一段局部。二是人工切割过的海带。既然今天的海带也有海带结、海带丝等加工形态，那古代应该也有。会不会有一种加工法就是把宽大的海带切割成细长条，而切割工具会把海带的边缘切成两短一长的循环的毛边呢？不是没有可能，今天的海带丝边缘不也是规则的锯齿状嘛。

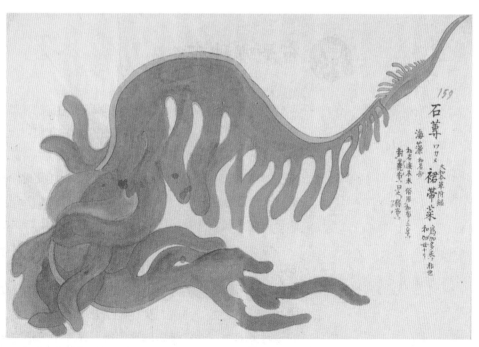

▲　日本江户时代《梅园草木实谱》中的裙带菜。裙带菜边缘的裂片大而长，且整个藻体不大，不符合毛边海带的特征

▲ 《梅园草木实谱》中的"赤昆布"和"青昆布",皆为海带属物种

# 昆布是哪种布?

前文提到,昆布在中国大陆的学界指的是鹅掌菜,但在日本指的是海带。造成这种混乱的原因,就是中国古籍里对昆布的指代一直不明。"昆布"这个词似乎指代一种布料,按理说,只要知道这种布料长啥样,就很容易考证出昆布指代的海藻。但是这个问题难倒了历代本草家,因为并没有一种布料叫昆布。本草家们纷纷去早期文献中寻找答案。李时珍找到三国时期的《吴普本草》,里面有一种草药叫"纶布",词条内容为"一名昆布。酸,咸,寒,无毒。消瘰疬(音luǒ lì)"。这算是昆布一词最早的记载了。虽然没明说此物是海藻,但同时期的其他文献说得比较清楚。晋代《吴都赋》有一句是讲海藻的:"江蓠之属,海苔之类。纶组紫绛,食葛香茅。""纶组"说的是两类海藻。《尔雅》对这两类海藻有个废话文学一般的解释:

▲ 清代《植物名实图考》中的"昆布"，似为裙带菜

▲ 《本草纲目》中的"昆布"，曾呈奎认为形似鹅掌菜

"纶：似纶。组：似组。东海有之。"晋代的郭璞解释："纶、组，绶也。海中草生，彩理有像之者，因以名云。"换成现代话，就是纶本指青丝绶带，组本指宽绶带，人们把长得像组的海藻称为组，长得像纶的海藻称为纶或纶布。纶在此处读"关"，与"昆"古音相近，所以在三国时期，纶布就常被写成昆布，渐渐地，昆布的写法成为主流。

然而汉晋时期的纶、组两种绶带长什么样，已经很难考证，它们所指代的海藻就更难考证了。南朝梁的陶弘景认为，纶是紫菜、组是昆布，思路已经不对了，因为按原意，昆布必然属于纶，不可能是组。与其纠结不可考的汉晋线索，不如看看明清时的说法。曾呈奎看过《本草纲目》中的"昆布"绘图后，认为画的是鹅掌菜。现在中国大陆学界的昆布也因此尘埃落定，正式指代鹅掌菜。本来事情到此应该很清楚了，但我们还有个邻邦日本。他们特立独行，一直把多种海带属物种称为昆布。好巧不巧，日本又是海带的原产国，有全世界最强势的海带文化和海带养殖传统，他们的海带制品、海带宣传材料上到处印着巨大的"昆布"汉字，给很多中国人留下了"海带=昆布"的印象。这就和中国学术界的说法不符了。要把这个概念纠正过来，我看是不太可能了。不过也不用非纠正，学者闹清楚就行，民间爱咋叫咋叫吧。毕竟这些称呼，从古到今都是糊涂账。

◀ 山东胶东半岛的民居"海草房"，用海中的被子植物大叶藻铺成房顶。这些海中的被子植物十分坚韧，不适合食用

▶ 扁浒苔形似很薄的韭菜叶，附着在礁石上，还能吃，很符合"海裈布"的特征

# 海 裤衩儿

　　《海错图》里有一幅图，就是这笔糊涂账的又一例证。图中几根带状物搭在礁石上，旁边写的名称竟然是"海裈布"！把"昆布"写成"裈布"，我只在《海错图》里见过。我很怀疑"裈"字是聂璜的自加工，大概他觉得"昆布"含义不明，就把昆字加了个衣字旁，这样就和布合范儿了。但这可不是什么好主意，要知道，裈是裩的异体字，裩是内裤的意思，裈布，那就是裤衩儿布、兜裆布。这可不兴当食物的名儿啊！可聂璜真这样做了，还说海裈布"采而晒干，以醋拌食，可口"。行吧。

　　那么这种"海裤衩儿"是啥呢？首先它这颜色我就不太理解，明明文字写的是"绿色离披（注：杂乱交错）"，画出来却是五颜六色的。再怎么杂乱交错，也得在绿色的范畴内吧？姑且不管颜色了，看形状。每一根都是宽度均一的韭菜状，而且"长数尺，阔仅如指"，倒是很像大叶藻、海菖蒲这类海生的被子植物。然而这些植物生长在浅海沙底，海裈布却"生海岩石上"。而且海生被子植物叶片坚韧，海边人一般采来做绳子、铺房顶、烧火、做填充物，不太可能"采而晒干，以醋拌食"。聂璜还说"其薄如纸""功与青苔、紫菜同"，如果特别薄、长在礁石上，韭菜叶状，还能吃，那就有可能是条浒苔（*Ulva clathrata*）、扁浒苔（*Ulva compressa*）这些绿藻门石莼属的物种。

# 文坛拔帜之术

聂璜认为，晋人孙绰的《望海赋》中有一句"华组依波而锦披，翠纶扇风而绣举"，其中的"华组""翠纶"说的就是海裩布、海带等海藻。古人有不少以大海为主题作赋的，辞藻华丽，气势恢宏，但这些海赋大多是在堆砌海生物的名称，比如《吴都赋》的"江蓠之属，海苔之类。纶组紫绛，食葛香茅"。就算有描写，也非常泛泛，什么"依波而锦披""扇风而绣举"，放在大部分海藻上都好使。聂璜认为，这是因为作者们都身居内陆，"未能亲见奇物也"。如何在海赋界独树一帜呢？聂璜有一计："使得睹海带，文坛尤当拔帜。"意思是，像海带这种外形奇特的生物，文豪们要是亲眼见过，再去描写它，一定更加言之有物，更文采出众，更打动人。

这一点，聂璜身体力行了。他在《海错图》的序里，用赋的文体写了大段的文字，把自己描绘过的生物全部涵盖了进去。作为亲眼见过海带的人，他会如何用赋描写海带呢？我一行行地找，终于找到了：

"虎鲨变虎，鹿鱼化鹿；鼠鲇诱鼠，牛鱼疗牛……海树槎枒，坚逾山木；海蔬紫碧，味胜山珍……"

"海蔬紫碧，味胜山珍"，这是唯一和海带沾边的一句。意思是，海带呀、紫菜呀这些海藻，比山珍还好吃。

▼ 《海错图》中的"海裩布"

海裩布赞
海岩有菜
虽名裩布
野人妆之
难为穷碑

## 海错图笔记的笔记 · 海带

◆ 海带如今被划分在藻虫界、茸鞭亚界、淡色藻门、褐藻纲。

◆ 海带的原产地是俄罗斯、朝鲜、北海道这些寒冷的海域，如今中国海域里的海带，是20世纪20年代才从日本引进的。

◆ 昆布在中国大陆的学界指的是鹅掌菜，但在日本指的是海带。

第五章

金石部

# 珊瑚树、石珊瑚、海芝石、羊肚石、荔枝盘石、松花石、鹅管石

## 【人间至宝，海底繁生】

◎　红珊瑚自古是人间至宝，在《海错图》里，聂璜除了红珊瑚，还描绘了一系列中国的珊瑚图鉴。有趣的是，其中大部分种类，聂璜都不认为它们是珊瑚。

珊瑚樹贊
玳瑁硨璖亦産海島
何若珊瑚人間至寶

石珊瑚贊

珊瑚石質
有孔不丹
稽之典籍
疑是琅玕

# 聂璜反清吗？

聂璜有反清思想吗？

一些细节暗示他有这个可能。聂璜出生在明朝崇祯年间，成年阶段是在康熙年间，亲身经历了改朝换代。聂璜经常引用的《广东新语》的作者屈大均，是著名的抗清人士。聂璜的岳父丁文策是标准的明朝遗民，古籍对他的记载是："明亡，不仕。"他本是当地名士，明亡后哪怕巡抚请他做官，他都不为所动。聂璜也没有任何做官记录，从《海错图》的字里行间能发现，他身边的朋友多为商人，他自己辗转各地，似乎也是一名商人。聂璜所处的康熙时期，曾长年实行海禁，沿海居民无法出海，民不聊生。而聂璜住在海乡，热爱海洋生物，又很可能经商，海禁必然严重影响他的生活。这一切，都会让聂璜对清朝没有好感。

然而，在《海错图》中，你拿着放大镜也找不到一句他对清朝确切的不满。当然，康熙朝盛行"文字狱"，他就算不满也不敢写啊！但我觉得，聂璜没准儿真谈不上反清。屈大均把自己家命名为"死庵"，意为宁死不臣服清廷。丁文策号"固庵"，意为固守在家中，程度已经轻了些。聂璜号"存庵"，态度就更缓和了。能存于世上，他已经满足。《海错图》中多处文字都透露出聂璜只求安定，不纠结谁来掌权的态度。比如他为《海错图》写的两篇《观海赞》：

海不扬波，鱼虾可数。

际会明良，风云龙虎。

水天一色，万国同春。

鱼鳖咸若，四海荡平。

这两篇赞是聂璜对《海错图》的总定调，能看出他向往的是天下太平，君王贤明，人民安居乐业，有才华的人（明良、龙虎）能得到好机会（风云际会）。《海错图》写作后期，康熙平定了各地叛乱，也开放了海禁。聂璜大概感受到了久违的和平与自由，才有如此感慨。

在写到"珊瑚树"这一物种时，聂璜极为罕见地聊起一段明清交替时的往事，里面能看出他隐藏的态度吗？

# 鼎革以后，毁玉作薪

聂璜所绘的"珊瑚树"，明显是红珊瑚。自古以来，人们就把它当作珍贵的生物宝石。聂璜记载："鼎革以后，京师民间多得断折珊瑚，长尺或七八寸、五六寸者。冬月，攒竖元炉，以夸兽炭，周布宝石，以像活火，下填珠玉，以状死灰，俨然毁玉作薪，以真珊瑚而仿佛于炊爨（音cuàn）之余。"这里可以看出聂璜的谨慎，他没有用"明亡"之类的字眼，而是用"鼎革"。九鼎是国之重器，鼎革就是九鼎换了主人，也就指明清易代。当时北京刚经过战火洗礼，很多红珊瑚断枝流入民间，很明显，它们来自战乱中从皇宫、富户家中流失的整棵珊瑚。到了冬天，有人把断枝珊瑚插在香炉里，浮夸地模拟烧红的木炭；在珊瑚周围摆上宝石，用它们的光泽模拟闪亮的火焰；下面填上珍珠和玉，模拟灰烬。聂璜只描述了这个现象，没有写明这种摆设的目的是什么。

我的朋友，《博物》杂志的策划总监林语尘提出了她的猜想：北京有欣赏清供的传统，即在桌上放一些应和时令的摆件。这种现象应

▶ 青玉活环耳盆红珊瑚盆景，清宫旧藏。青玉为盆，中央是一根大的珊瑚断枝，周围插着一圈小珊瑚断枝。以碎青金石作为盆面填充

该属于一种思路独特的清供。单枝断珊瑚不够好看，多枝同插能掩盖寒酸感。这样的火炉摆件，一是应冬天的景，二是很可能暗含"锦灰堆""玉石俱焚"的含义，寓意辉煌的大明已经空余灰烬。遗民以这样隐晦的方式表达亡国之痛。

然而我的另一位朋友，故宫博物院的宁霄却认为：这未必和遗民情怀有关，只是在用"土豪"的方式模拟当时过年的一种祭祀——"圆炉炭"，即在圆炉里摆上烧红的木炭，放在神位前。我以这种视角把文字又看了一遍，似乎也挺有道理。聂璜对这种摆件的评价是"俨然毁玉作薪，以真珊瑚而仿佛于炊爨之余"，偏负面态度。因动荡意外得到横财的下层民众，却没有欣赏这些宝物的品位，挺好的珊瑚，愣给摆成了柴火。聂璜似乎很反感这种摆设，将其视为亡国后审美崩坏的案例。

聂璜到底想表达哪个意思？他没有说，继续写道："数年之后，天下大定。官民护惜环宝，商贾争售珍异。国制朝服披领之上，必挂念珠，珀香而外，以珊瑚为贵。凡民间蓄得珊瑚，皆琢而成珠。"政权稳定后，官民开始护惜宝物（暗示之前"珊瑚炉"是不珍惜宝物？），清代官员要佩戴朝珠，民间的断珊瑚这下有了用途，纷纷被人琢成珠子。但珊瑚量有限，有人就琢磨造假了。他们造假的思路，被聂璜评价为"匪彝所思"，用料竟然是粪壤泥淖之间的破瓷碗。造假者把厚碗底磨成圆珠，穿孔，再用茜草、血竭（棕榈科麒麟竭果实渗出的红色树脂）将其染成珊瑚红色，串成珠串长街售卖，有经验的商人也不能辨别。

聂璜感叹："假珊瑚冒真珊瑚之名，而竟得与珠玉争光……诚伪颠倒，岂独一珊瑚之真假为然哉！"显然，他觉得像这样真假颠倒、是非不分的事情，社会上多得很。所谓真珊瑚，是指聂璜这样学富五车但身无功名的人吗？所谓假珊瑚，是指那些见风使舵、效忠清廷的人吗？抑或是聂璜的一句普通牢骚？不知道，聂璜只描述现象，不表达立场，也不给我们机会确认他的内心。

其实吧，还有一种可能。故宫珍宝馆至今还收藏着一些清代的珊瑚盆景，其中一件，是把一整棵红珊瑚插进铜镀金嵌珐琅花盆里的，盆土是透明的碎宝石。还有一件，是用数枝断珊瑚插在青玉制成的耳盆中，盆土是青金石碎。这第二件和聂璜描述的几乎一样了。既然是清朝皇上家的摆设，自然不会有什么怀念明朝的含义，也没有下层民众审美低下的问题。所以，可能这就是当时皇家富户的一种摆设风格，流落到民间被聂璜看到了，他觉得难看，如此而已。若真是这样的话，那我们前边都是过度解读了。这东西抛开任何含义单看，确实有点丑。我向著名文物摄影师黄翼（网名"动脉影"）求图，希望他发给我故宫那两盆珊瑚盆景的照片。他说："有，我翻一下，发你。我觉得这个贼丑。"过一会儿，他只发给我那盆珊瑚断枝盆景的照片，说："整棵珊瑚的那一盆没有照，当时觉得太丑了。"

# 珊瑚有根，竞传为奇

人们得到的红珊瑚，都是出水很久、硬如石头的。那么珊瑚到底是生物还是石头？它在海底是如何生长的？当时的古人并不清楚。

采集珊瑚的方式，使得人们难以看到它的全貌。《海中经》云："取珊瑚，先作铁网沉水底，珊瑚从水底贯中而生，岁高二三尺，有

▲ 带有生长基岩的红珊瑚极难获得

枝无叶。因绞网出之,皆摧折在网,故难得完好者。"和我们在浅海浮潜看到的珊瑚不一样,红珊瑚长在较深的水里,靠古代的渔网、潜水很难获得,所以多用绳系铁锚钩取,或者把铁网沉到海底数年,等海底的红珊瑚穿过网眼长大,再起网。出水后,红珊瑚大多断折,使人搞不清它的基部到底长在哪里。但聂璜知道,珊瑚的根部是附着在海底巨石上的。一是他看到《本草纲目》里说:"珊瑚初生盘石上,白如菌,一岁黄,三岁赤,以铁网取。"二是他得知康熙初年,广东一守令得到一棵根长在石头上的完整红珊瑚,引发轰动,"珊瑚有根,竞传为奇"。三是聂璜本人得到了一棵完整的"石珊瑚",根部完好地连在一块石头上。

这"石珊瑚"虽不是红珊瑚,但聂璜一眼得知它必是红珊瑚的亲戚,于是画下了这棵"石珊瑚"的样子,并描述道:"产海洋深水岩麓海底。其状如短拙枯干,而有斑纹如松花。"按今天的科学分类,这些特征明显属于鹿角珊瑚属。然而聂璜又说石珊瑚"其色在水则红色,出水则渐变矣……其质在深水则软而可曲,出水见风则坚矣",这显然是柳珊瑚、角珊瑚的特点,聂璜搞混了,全当成鹿角珊瑚的特征了。他还说有的石珊瑚上有五种颜色,"青、黄、红、赤、白,各枝分派如点染之者,福州省城每以盆水养此珍藏",这可以肯定是当时的商贩人工染色的,是一种古早土味审美。

▶ 《海错图》里的"石珊瑚",属于鹿角珊瑚属

石珊瑚赞
珊瑚石质
有孔不丹
稽之典籍
疑是琅玕

▶ 海底的活体红珊瑚群，可见其附着的礁石上有多种生物共同生长

▲ 这种活体红珊瑚的每个珊瑚虫水螅体为白色

有了这棵难得的标本，聂璜开始观察它的根部，想知道珊瑚如何从石头上长出来。他看到"根与石相连处有坚白如蛎灰者、曲折如虫状者数数"，认为是它们孕育出了珊瑚。但牡蛎、小虫多得是，为什么偏偏这些能长出珊瑚呢？

聂璜想到了陆地上的一种现象："吾尝见塔顶顽岩本无寸土，又无人植，常有大树生于其上……雁宕、天台多有巍然石峰之上，盘结古干虬枝。"他说，这些塔顶、顽石上的大树，是鸟屎中的种子长出来的，而且比人特意栽在沃土里的树长得还好。为什么？一定是树种经过一趟鸟的消化道后，得了"羽虫生气"，生命力才比一般的种子旺盛。以理推之，海洋生物吃了牡蛎、小虫后，把蛎灰、虫壳排泄在海底岩石上。这些排泄物应该也会"得鱼虫腹中生气"，从而长出了珊瑚。

但聂璜预判到有"杠精"会反驳他，于是把"杠精"的话提前说了，让"杠精"无话可说："可能会有人站出来说，你这理论未必对，也未必不对。庄子曰'天地有大美而不言，四时有明法而不议，万物有成理而不说'，万物之理深奥得很，你凭什么这么确定呢！"然后，聂璜用"摆烂"的态度"杠"了回去："你要这么说，那世间的道理谁也别探索了，万物谁也别研究了，古今记载类书全烧了吧！"

其实，这么回答更显出了聂璜的心虚。因为他确实没有证据，只是把一种陆地现象硬套在海里。顽石长出大树，海石长出珊瑚，看似很像，道理却不同。首先，塔上树比人种的树还壮，就是一个伪

◀　礁石上的苔藓虫骨骼（左）大概就是聂璜所说的"蛎灰"，而管虫的钙质栖管（右）就是聂璜所说的"曲折如虫状者"

命题。因为塔上也有弱树，人种的也有壮树，但都被聂璜选择性忽视了。既然命题不存在，"鸟屎种子得羽虫生气"这一理论也就不成立了，更不能往珊瑚上套。其次，珊瑚根部有"蛎灰"和虫状物，不等于珊瑚就源自它们。就好比树坑里有烟头，不代表大树是烟头孕育出来的。实际上，所谓"蛎灰"是钙藻、苔藓虫之类的东西，它们和珊瑚大量混生，看上去就和牡蛎壳烧成石灰涂在石头上的样子似的。而"曲折如虫状"的，是缨鳃虫目的多毛类动物，俗称"管虫"，它们身体如蚯蚓，会不停分泌石灰质，形成曲折的虫状管道，自己住在里面。珊瑚礁是它们的乐土。所以，这些东西只是和珊瑚一起附着在石头上的其他生物，和珊瑚没啥关系。要想知道珊瑚的由来，最靠谱的方法是观察它的生活史。

珊瑚属于刺胞动物门，和海葵、水母是亲戚。有两种生殖方式：无性生殖和有性生殖。无性生殖就是一个珊瑚虫裂成两个珊瑚虫，长出更多"树枝"，如果枝条断了落在海底，还可以长成一棵独立的珊瑚。有性生殖就是珊瑚虫排放出一颗颗小珠子：精卵团，精卵团破裂释放出精子和卵子，和其他精子、卵子结合形成受精卵（同一个精卵团内的精子和卵子不会结合），再孵出瓜子形的浮浪幼虫，在水中浮游生活，然后沉到海底，固定在适合的地方，身体变成盘子状，再渐渐长成一棵珊瑚。

但是，以聂璜的条件，不可能观察到这一系列现象。我们不能对古人太苛求。他在他的能力范围内，已经做到最好了。

# 有生处，有不生处

聂璜还听说，澎湖将军岙（注：今澎湖列岛将军澳屿）多产石珊瑚，在此停船的渔民，常能潜水抱起高达数尺的珊瑚。聂璜问渔民，为何此处盛产珊瑚？渔民说："其石虽在海底，却向淡水而生。"聂璜追问，海中怎会有淡水？渔民说海底隐藏着一些淡水泉眼，珊瑚就聚集在泉眼附近，所以珊瑚"有生处，有不生处，海中不遍有也"。

聂璜写道：这些人只知道珊瑚得淡水而生，却不知根本原因是泉水带出了地气，珊瑚得了地气而活，珊瑚的花纹孔窍，都是气在它们体内流通造成的。

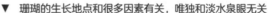

▼ 珊瑚的生长地点和很多因素有关，唯独和淡水泉眼无关

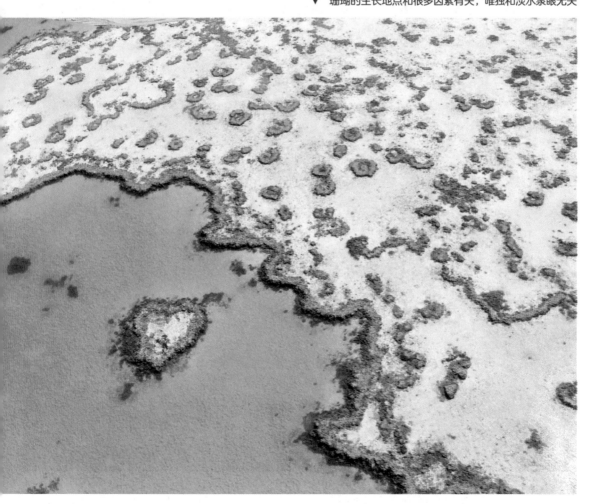

无性生殖

从体侧长出小芽

一分为二或分成数块

有性生殖

精卵结合

精卵团

排放型

孵育型

浮浪幼虫

成体珊瑚虫

▲ 珊瑚的生殖方式

其实珊瑚的生长地点和淡水、地气毫无关系，许多珊瑚都和虫黄藻共生，靠虫黄藻光合作用产生的营养生活，几乎不用自己捕食。但要进行光合作用就得晒太阳，所以珊瑚礁多在浅海。珊瑚需要稳固的基底来附着，所以集中在有礁石的地方。珊瑚适宜的水温在18～30℃，过热或过冷都不行。珊瑚偏爱贫营养的水质，所以清澈的海域珊瑚多，混浊的海域珊瑚少。海流也会影响珊瑚分布，一湾死水，珊瑚长不好；海流太强又会把珊瑚折断。以上这些条件全都合适的地点并不多。这才是珊瑚"有生处，有不生处"的真正原因。

# 海中"文石"

聂璜说，在澎湖海底，"鹅管、羊肚、松纹、石珊瑚互为根蒂，而所发各异"，一幅多么美丽的珊瑚礁图景！但羊肚、鹅管、松纹都是什么？他在《海错图》里把它们画下来了。聂璜认为这些东西和石珊瑚（鹿角珊瑚）产地相同，质感类似，产生原理也一样，但他并不将它们归为珊瑚。因为在他心中，珊瑚只能是红珊瑚、石珊瑚那样枝枝杈杈的，而羊肚石、海芝石等过于怪异了，只被聂璜称为海中的

▼ 《海错图》中的"鹅管石"，其孔细密如鹅管，描绘不详，可能是海水打磨过的珊瑚残块，也可能是管虫聚集处的栖管纠结而成

鹅管石其孔细密如鹅管總皆朽
蠣平久則化為石石上水皮積久
即空洞成文

鹅管石賛
本是腐蠣忽浡生氣
紋成鹅管活潑潑地

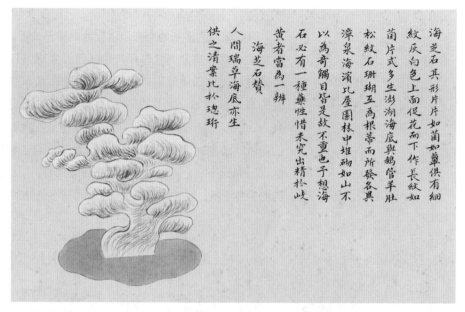

海芝石其形片片如菌如蕈俱有細
紋灰白色上面促花而下作長紋如
蘭片式多生澎湖海底與鵝管羊肚
松紋石珊瑚互為根蒂而所發各具
漳泉海濱比屋園林中堆砌如山不
以為奇鷁目皆是故不重也于想海
石必有一種藥性惜未究出精於岐
黃者當為一辨

海芝石贊

人間瑞草海底亦生
供之清案比於璁珩

▲　《海错图》中的"海芝石"，即蔷薇珊瑚属的瘿叶蔷薇珊瑚、叶状蔷薇珊瑚等种类。它们形态极似灵芝。清代福建园林用它堆叠假山，那场景一定颇为奇特

▼　蔷薇珊瑚形成的壮丽景观

"文石"，即有纹路的石头。其实以今天的眼光看来，这些石头也都属于珊瑚家族。

2021年，我探访了三亚的中国科学院南海海洋研究所珊瑚实验室和厦门的国家海洋局第三海洋研究所珊瑚保育馆。这两个地方饲养着中国几乎所有种类的造礁珊瑚。我在这里见到了研究珊瑚的徐一唐、金政辰、李琰等人，赶紧抓住机会，把《海错图》里这几种石头的图给他们看，他们根据自己的经验给出了鉴定。

羊肚石赞
初平一叱 石可成羊
肉为仙食 肚遗道傍

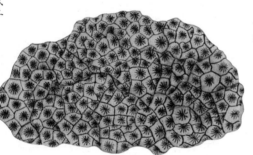

◀ 《海错图》中的"羊肚石"，即角蜂巢珊瑚属的骨骼

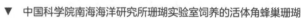

▼ 中国科学院南海海洋研究所珊瑚实验室饲养的活体角蜂巢珊瑚

"海芝石，其形片片，如菌如蕈（音xùn），俱有细纹，灰白色，上面促花而下作长纹，如菌片式。"这是蔷薇珊瑚属，它们在南海常形成巨大的灵芝状群落，层层叠叠。李琪有个顾虑：聂璜说海芝石"漳泉海滨比屋、园林中堆砌如山，不以为奇，触目皆是"，但蔷薇珊瑚没有那么高大。但我认为这不是问题，既然"堆砌如山"，那就是多棵堆叠起来的，自然想叠多高叠多高了。漳州、泉州的清代园林竟然用蔷薇珊瑚来堆叠假山，一定是非常特别的景致。

"羊肚石，如蜂窠状，孔窍相连，花纹绝如羊肚，故名。大者高二三尺不等，更多生成人物、鸟兽之形。"徐一唐说，这应该是蜂巢珊瑚科的，鉴于每个小区块是带棱角的，很可能是角蜂巢珊瑚属的。

松花石赞
石上攒松簇簇相同
浸之枰水其脉皆通

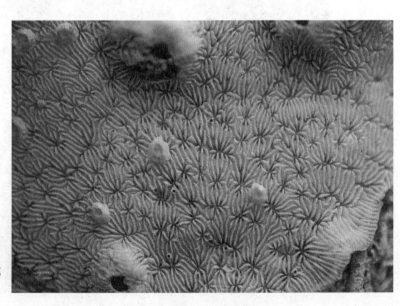

▲▶ 《海错图》中的"松花石"花纹和牡丹珊瑚属吻合

◄ 北京植物园的盆景园，
一盆用陀螺珊瑚制作的榕树
附石盆景。只要珊瑚骨骼够
致密，都可以当作吸水石

► 十字牡丹珊瑚天然构成
方格空间，可供种花

这类珊瑚不长枝杈，只会随着礁石形状越长越厚，一般是长成面包形，如果礁石够怪，就会长成蹲伏的鸟兽之形。今天的珊瑚保育者们不会繁育放归这类珊瑚，因为它们长得再大也是实心的疙瘩，没有枝杈，无法给小鱼小虾提供躲避的空间。繁育放归的大多是鹿角珊瑚，大丛的枝杈能吸引各种海洋生物藏身其中，迅速构建热热闹闹的珊瑚礁生态系统。

"松花石……石作细纹，周体有窍如松纹。"李琰看了这幅图，从库房拿出一块牡丹珊瑚的骨骼。嘿！上面的花纹简直完美符合。每一朵"松纹"其实是一只珊瑚虫的居所。最妙的是，聂璜说松花石"养之于水，与羊肚石并能从孔中收水直上，故其石植小树常不枯也"，而有些牡丹珊瑚（如十字牡丹珊瑚）的骨骼能形成很多方格状空间，正如天然的花盆，可以栽花进去。

还有一种叫荔枝盘石的："广东海中有一种石，若盘，质如荔枝之壳，绉而或红或紫，名曰荔枝盘，以之养鱼甚佳。"像荔枝壳，那就必须有一个个疣突。李琰又拿出一块珊瑚骨骼，是陀螺珊瑚属的，确实有一个个凸起，而且这个属里的漏斗陀螺珊瑚、盾形陀螺珊瑚、

▼ 《海错图》中的"荔枝盘石"

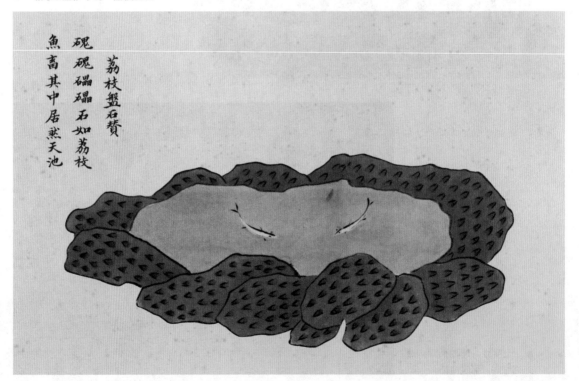

▶ 笙珊瑚死后骨骼是红色的，但不呈盘状

复叶陀螺珊瑚、皱折陀螺珊瑚都能形成盘状，大小也足够养鱼。唯一不符的是，陀螺珊瑚死后骨骼是白色的，不是红色的。不过既然前文提过，当时的人能把珊瑚染成五色，那这种红色的荔枝盘石没准儿也是染色的。还有一种笙珊瑚，死后倒是红色，质感也像荔枝壳，但并不是盘状，而是块状。要用它养鱼，得人工雕成盘状。

《海错图》给我们留下了中国历史上绝无仅有的清代台湾海峡珊瑚图谱。凭借这几幅图，可以一窥当时中国完好的珊瑚礁生态系统。近几十年间，中国的珊瑚礁急剧衰退。好在中国科学院南海海洋研究所、第三海洋研究所已经繁育了很多珊瑚，并把它们种回曾经密布珊瑚的海底。2021年，我亲自来到复育海域，发现这里几年间就已欣欣向荣，重现了五颜六色的珊瑚花园。这比我想象中要快得多。人类的智慧如果用对地方，就能加快大自然愈伤的速度。用不对地方，大自然就会旧伤未愈，又添新伤。

## 海错图笔记的笔记·珊瑚

◆ 珊瑚属于刺胞动物门，和海葵、水母是亲戚。有两种生殖方式：无性生殖和有性生殖。

◆ 许多珊瑚都和虫黄藻共生，靠虫黄藻光合作用产生的营养生活，几乎不用自己捕食。但要进行光合作用就得晒太阳，所以珊瑚礁多在浅海。

◆ 珊瑚需要稳固的基底来附着，所以集中在有礁石的地方。珊瑚适宜的水温在18～30℃，过热或过冷都不行。

◆ 珊瑚偏爱贫营养的水质，所以清澈的海域珊瑚多，混浊的海域珊瑚少。

# 吸毒石

**【 西洋怪药，扑朔迷离 】**

◎ 这是《海错图》中极罕见的非生物图像，能被聂璜入谱，必有奇特之处。

其血為水者乃真也亦謂之婆娑石令日吸毒石即此

吸毒石贊
石有吸毒
本名婆娑
真者難得
偽者甚多

吸毒石云產南海大如棋子而黑綠色九有患癰疽對

口釘瘡發背諸毒初起以其石貼於患處則熱痛昏眩

者逾一二時後不覺清涼輕快乃揭而扳之人乳中有

頃則石中进出黑沫皆浮於乳面蓋所吸之毒也乃又

取石仍貼患處以毒盡為度石不能貼而落則毒盡矣

凡治患者必投乳以出毒否則毒蘊結於石石必碎裂

而無用然一石不過用十餘次久之吸毒之力減或破

碎不可用故藏此者不輕以假人售此石者解急需者

難購不易得余寓福寧承天主堂教師萬多默惠以二

枚黑而柔嫩以其一贈馬遊戎其一未試不知其真與

偽也考諸顏書以及本草海槎錄異物記並無石有以

吸毒名者止於彙苑見有娑娑石云生南海觧一切毒

其石綠色無斑點有金星磨之成乳汁者為上者人尤

（下略，余文見原書二二年次令尾分九文八人）

233

# 治病的石头

《海错图》中记载了371种海物，只有两种不是生物。其一为海盐，这个可以理解，它算广义的海错。其二为"吸毒石"，是两颗围棋子大小的黑石头。能与海盐并列，它何德何能？

有两个原因。

1. 聂璜听闻它产自南海，故列为海错。

2. 此物异常神奇。聂璜说，凡是长了毒疮、皮肤溃疡流脓的患者，若把吸毒石贴在患处，两个时辰后就会感到清凉轻快。把吸毒石揭下来投入人乳汁中，石中会迸出黑沫，浮于乳汁表面，这就是它吸出来的毒。然后再把石头捞出来贴在患处，如是反复，直到石头贴不住了，就说明毒被吸干净了。吸过毒的石头一定要投入乳汁中放毒，否则石头会很快碎裂无法使用。然而就算操作规范，一块吸毒石也不过用上十余次，之后吸毒力就减低，直至碎裂。所以，有吸毒石的人，从不轻易借人，市面上也难以买到。

聂璜画的这两块吸毒石，是他住在福宁州时，当地天主教堂神父万多默送给他的。外观"黑而柔嫩"。他把其中一块送给了朋友，另一块没用过，所以他也不知道这两块的真伪。

# 婆娑石

聂璜翻遍手头的书，也没找到吸毒石的记载。只在《汇苑》中看到一种"婆娑石"。它绿色底上挂着金星，产南海，解一切毒。番人用金子装饰它，做成戒指戴在手上。每次吃完饭就含吮戒面几次，以防食物中毒。鉴别它真伪，要把鸡冠子里的热血滴在碗中，扔进婆娑石，把血化为水者为真。聂璜认为，他获得的吸毒石就是婆娑石。

据中国中医科学院医史文献研究所的洪梅考证，中国古文献中的婆娑石，可能源自波斯语的"padzahr"和阿拉伯语的"bezoar"，意为解毒石，泛指从阿拉伯输入的多种具有解毒功能的矿物和动物结石。但是婆娑石的用法都是直接吮吸几口，或者做成膏剂，没有贴在毒疮上吸毒的。而且聂璜的吸毒石是黑的，不是绿色带金星。所以，《海错图》中的吸毒石和婆娑石不是一回事。

# 传教士的礼物

聂璜的文字里有个很重要的信息：吸毒石是外国的天主教神父送他的。这是打开谜团的钥匙。

法国巴黎图书馆现在收藏着一本编号为"Chinois·5321"的硬皮书，为中国版刻，书名为《吸毒石原由用法》，署名"治理历法南怀仁识"。南怀仁大家都知道，是比利时著名传教士，清初来华，在钦天监工作，是康熙皇帝的科学老师，把大量西方的科学成果介绍到中国。不过，南怀仁介绍的大部分都是天文地理知识，所以《吸毒石原由用法》就显得很特殊了。这本书只能算个小宣传册，总共才750字。但成书时间据推测为1685—1688年，正与聂璜同时代（《海错图》成书于1698年），也同样来自西方传教士，对解开《海错图》吸毒石之谜有很大的参考价值。

▼ 南怀仁，清初来华传教士，参与修订历法、制作天文仪器和红衣大炮。他最早将吸毒石介绍到中国

我没有见过《吸毒石原由用法》，但据中国中医科学院医史文献研究所甄雪燕、郑金生介绍，此书说吸毒石产于小西洋（中国南海以西地区），有两种：一种是毒蛇头内天然生成的石头；另一种是把这种石头与毒蛇肉、当地的土混合，二次加工成围棋子大小的石头。用法与聂璜所载一致。之前中国的本草书中未有此类记载，所以《吸毒石原由用法》是中国最早介绍吸毒石的文字资料。之后，方济会士石铎琭（Petro de la Piuela）用中文撰写了《本草补》，介绍西方医药。书中也提到了吸毒石，说它的存在是"逾显造物主之爱人，节制调和各品物，顺其性情，以全宇宙之美好云尔"。这时再回看聂璜被神父赠予吸毒石一事，我们可以看出，清初的传教士把行医治病作为传教的重要手段，吸毒石就是他们向中国人发放的赠品之一。

# 吸毒石的真相

北京大学南亚学系的陈明教授认为，吸毒石并非源自欧洲。17世纪中期，欧洲旅行者在印度见识到吸毒石，将其带回欧洲，之后被传教士带往世界各地。如今，吸毒石的踪迹遍布非洲、南美洲、亚洲，有"Snake-stone""Naga mani""Snake's pearl""Black stone""Serpent-stone"多种别名。各地民间对吸毒石的说法挺统一，都说是毒蛇头中的石头，所以也称"蛇石"。至今，印度街边还会有商贩现场表演，从活眼镜蛇的后脑勺处划一刀，挤出一颗椭圆黑亮的小石头，说这就是蛇石，然后高价出售。这已经被证实是一种街头骗术了：商贩先把蛇后脑处划个小口子，把小黑石头塞进皮下，等伤口愈合，再上街当着人把石头挤出来。实际上，任何一种蛇的头里都不会生出石头来。论文《蛇石：神话与医学应用》（*Serpent stones: myth and medical application*）中盘点了民间常见的黑色椭圆状"蛇石"，要么是黑色玻璃打磨而成的，要么是用烧焦的骨头或角加工而成的。

黑色玻璃那种就纯属骗人了，连基础的吸附功能都无法做到。而那些真正能吸附在伤口上的吸毒石，基本是用动物骨头加工而成的。在非洲，做法是把牛大腿骨切成小块，用砂纸打磨成椭圆形，用锡箔包好，放进炭火里15~20分钟，取出放在冷水中冷却即可。做出来的样子和《海错图》中所绘一模一样。其他地区的做法也差不多。秘鲁一些护理专业的学生甚至要学习如何制作吸毒石，可见其盛行程度。在南怀仁的出生地——比利时的小城皮特姆，那里的传教士至今还拥有很多吸毒石，他们说可以用它治蛇咬。比利时根特大学收集了一些吸毒石进行分析，发现其主要成分是磷酸钙，证明它是骨头做的。而且吸毒石确实吸力很强，吸饱水后，只有20%~25%是石头自身的重量。这是因为被火烧过的骨头有很多微孔，所以放在伤口上会明显地吸附血液，至少短时间看上去挺管用的。可能这就是它在世界各地盛行的原因了。

那么，吸毒石真能把蛇毒吸出来吗？让-菲利普·希波（Jean-Philippe Chippaux）等研究者用四种方法给小白鼠注入鼓腹咝蝰、锯鳞蝰和黑颈喷毒眼镜蛇的毒液，再用吸毒石治疗，结果是吸毒石虽然吸附了一部分毒液蛋白，降低了一点点毒性，但远远不能有效消除蛇毒。注入体内的蛇毒早就随着血液输送到全身，是吸不出来的。所以玻利维亚的一项医学研究指出："与人们普遍认为的相反，吸毒石没有治疗毒液的效果。"印度的研究也说："像吸毒石这样不科学的

▲ 用动物骨骼制作的"吸毒石"，据论文照片绘制

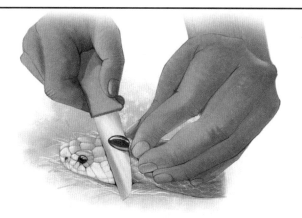

▶ 印度的江湖骗子当着路人的面，把事先藏在蛇后脑勺皮肤下的小黑石头剖出来，以蛇石的名义售卖

治疗方法，延误了正确的治疗。"

在见到《海错图》里的吸毒石之前，我丝毫不知有这种东西存在。顺着图文找寻才惊讶地发现，今天世界的各个角落里还有人使用着它，细节几乎和聂璜记载的一模一样，时光仿佛在这块小石头上凝固了。

吸毒石最初只是一种骨头制成的止血小工具，后来被赋予了毒蛇头中石的神秘色彩，又被欧洲人作为传教工具带到世界各地。到了中国，还在吸蛇毒的基础上演变成具有吸各种毒疮的功效。幸运的是，吸毒石在中国并没有掀起什么波澜。它的制作方法没有跟着进入中国，成品的流通量也很低，加上夸张的传说，导致中国人一直将其视为异域怪谈类的存在，从未本土化地批量生产。而且中医的地位牢固，吸毒石并非什么不可替代的药品，没有对中药产生什么影响。在有了更靠谱的西药后，传教士也不再把吸毒石作为工具了。从时间上来看，吸毒石是最早被欧洲人介绍到中国的洋药，传教士们肯定指望它被中国人顶礼膜拜，没想到最后只沦为文人笔记里的谈资。

这其实是件好事，毕竟这药不灵嘛。

## 海错图笔记的笔记 · 吸毒石

◆ 真正能吸附在伤口上的吸毒石，基本是用动物骨头加工而成的。

◆ 印度街边会有商贩现场表演，从活眼镜蛇的后脑勺处划一刀，挤出一颗椭圆黑亮的小石头，说这就是蛇石，然后高价出售。这已被证实是一种街头骗术。

◆ 吸毒石虽然能吸附一部分毒液蛋白，但远远不能有效消除蛇毒。